How Spacetime Curved
Illustrated General Relativity

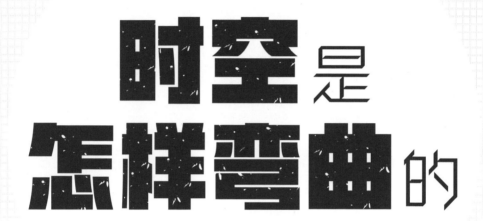

时空是怎样弯曲的

图解
广义相对论

沈贤勇◎著

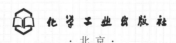

化学工业出版社

·北京·

内容简介

运动的钟变慢，运动的直尺缩短；靠近地球的钟变慢，靠近地球的直尺变长。这些改变让地球周围的时间和空间变得不均匀。这种不均匀性在几何上的表现就是时空弯曲，在物理上的表现就是苹果掉下来。这些结论就是相对论的主要内容，本书采用直观的示意图对这些内容做了详细的解释说明。比如采用时空图解释了时间为什么变慢、空间为什么收缩，采用折叠时空解释了地球周围时间为什么变慢、空间为什么变长。利用时间和空间的不均匀性解释了时空是怎样弯曲的，特别对时间的弯曲做了详细说明。

本书图文并茂，深入浅出，适合对相对论感兴趣的广大读者阅读，也可作为学习相对论的辅助读本。

图书在版编目（CIP）数据

时空是怎样弯曲的：图解广义相对论/沈贤勇著.—北京：化学工业出版社，2023.11（2024.7重印）
ISBN 978-7-122-44051-8

Ⅰ.① 时⋯ Ⅱ.① 沈⋯ Ⅲ.① 广义相对论-图解 Ⅳ.① O412.1-64

中国国家版本馆CIP数据核字（2023）第160477号

责任编辑：王清颢　　　　　　　文字编辑：张钰卿　王　硕
责任校对：宋　夏　　　　　　　装帧设计：王晓宇

出版发行：化学工业出版社
　　　　　（北京市东城区青年湖南街13号　邮政编码100011）
印　　装：北京缤索印刷有限公司
710mm×1000mm　1/16　印张13　字数228千字
2024年7月北京第1版第2次印刷

购书咨询：010-64518888　　　　售后服务：010-64518899
网　　址：http://www.cip.com.cn
凡购买本书，如有缺损质量问题，本社销售中心负责调换。

定　　价：89.80元　　　　　　　　　版权所有　违者必究

前言
PREFACE

地球让时间流逝的快慢和空间长度变得不均匀，时间和空间的不均匀性反过来让物体呈现出运动的状态，以抵消这种不均匀性——这就是广义相对论的核心内容。比如说，每隔1亿年，苹果树下的时间就要比苹果树上的时间慢1秒（s），但就这么一点点微小的变慢却是苹果掉下来的原因。

在广义相对论诞生之后的一百多年里，有很多人试图把这个理论简化，让大家更好理解，其中最著名的一句话是"物质告诉时空如何弯曲，时空弯曲告诉物体如何运动"。但对多数人而言，这句话仍然难以理解，比如：时空到底是怎样弯曲的？时空弯曲又是怎样告诉物体运动的？

这句话难以理解的一个原因在于时空都是在朝我们不可感知的维度上弯曲的，我们很难画出全部弯曲的直观图像。另外一个原因是很多时候科普资料通常只画出空间的弯曲图，而时间的弯曲常常被省略了。这种省略导致大家误以为苹果下落和行星运动是由空间弯曲产生的，但实际上它们都来自时间的弯曲。

为了克服这些困难，本书尝试了一种全新的诠释方法。比如用示意图展示空间的真实长度与看上去的长度、时间的标准长度与体验长度，再配以大量直观的简图，对时空怎样弯曲进行展示说明，特别是对时间怎样弯曲做了详细解释。然后以此为基础，再采用直观图形去解释苹果下落和行星运动为什么来自时间的弯曲，而空间弯曲为什么对水星进动和光线弯曲产生贡献。

　　当然，如果能够避开时空弯曲这样的几何概念，那就可以大大降低理解难度。所以，本书最后一章尝试通过大量直观的示意图，直接去解释地球为什么能让时间流逝变慢、让空间长度变长，也就是地球为什么让时间和空间变得不均匀。然后再配以直观的示意图，直接去解释时间的不均匀性如何反过来导致苹果下落和行星运动，即详细解释了重力为什么起源于时间流逝的不均匀性。而且，这种解释方式也可以帮助大家更好地理解什么是时空的弯曲。

　　对于狭义相对论，也有很多大家难以理解和容易产生误解的地方。比如时间为什么会变慢，空间为什么会收缩。再比如光速不变常常被误以为是相对论存在的原因。这种误解往往是很多科普资料沿着历史顺序去介绍狭义相对论的诞生过程所造成的。所以，本书采用另外一种方式去解释狭义相对论的诞生过程。比如相对论效应最开始是如何在电磁现象中暴露出来的，电场和磁场的相对论效应又是如何导致光速不变的。另外，配以直观的示意图，采用时空这个对象，书中还详细解释了时间为什么会变慢，空间为什么会收缩。

　　对于爱因斯坦最著名的灵感——等效原理，以往通常采用自由下落的电梯对其解释说明。但等效原理所蕴含的本质思想远比这深刻丰富。所以，本书沿着从亚里士多德到爱因斯坦的历史顺序，把两千多年来对苹果下落的各种解释方案进行了梳理，从而让大家清晰地看出等效原理的本质思想，那就是：苹果的自由下落只不过是一种在地球存在情况下的惯性运动而已。这个本质思想也是广义相对论的核心结论之一。

　　科普写作的难度在于如何既要通俗易懂，又要保持知识的准确性。很多情况下不得不在两者之间做出牺牲。比如，为了提高趣味性，常常引入大量故事和趣闻轶事，但这并不能帮助读者准确理解所科普的专业知识；反过来，为了追求准确性和专业性，常常引入太多的专业术语，这又会让读者感觉晦涩难懂，无法阅读。而本书则是通过以下两种方式做到内容的通俗易懂。

　　第一种方式：将专业知识拆分成一连串容易理解的小知识点，一直拆分到利用日常生活中熟悉的场景就能展示说明的程度。然后通过简化之后的逻辑关系，把这些小知识点串联起来，再去说明专业知识。此方式可以避免引入太多专业术语。所以，本书不会出现像参考系、惯性系、伽利略变换、洛伦兹变换、以太、相对性原理等一大堆让大家头痛的专业术语，采用的都是日常用语。

第二种方式：采用直观的示意图。图像是帮助理解的最有效方式。有些相关文献中采用的图片大多只是对引入的故事、趣闻轶事等内容进行图示化，或者说与知识点关联性不大。本书尝试将相关知识点、知识点间的逻辑关系甚至推理过程都转化成直观性非常强的示意图，真正做到图解相对论。

通过以上这些尝试，希望本书能帮助大家理解广义相对论所呈现出来的世界真实模样。如果想要系统学习广义相对论或了解更多细节，欢迎阅读笔者已出版的《破解引力：广义相对论的诞生之路》。

虽然经过多遍仔细修改，书中不妥和疏漏之处仍在所难免，恳请读者批评指正。

沈贤勇@川山洞主

2023年4月21日于杭州

目录 CONTENTS

每隔 1 亿年，苹果树下的时间比苹果树上
的时间就要慢 1 秒，但就这么一点点微小
的变慢却是苹果掉下来的原因。

上篇

苹果为什么会
掉下来

对于一个充满好奇心的人来说，最震撼人心的事情
莫过于我们曾经无比坚信的结论只是一种错觉，而世界
的真实模样就隐藏在这些错觉背后。

开场 ——《星际穿越》的电影片段

　　科幻电影《星际穿越》第60分钟有这样一个情节，男主角库珀离开太空基地前往黑洞附近的区域，试图在那里搜寻其他探索者的残骸。当他离开太空基地时，留守在基地的物理学家罗密利只有三十几岁。

　　库珀在黑洞附近只进行了3个小时的搜寻工作，可是当他重返太空基地时，留守在基地的物理学家罗密利已经是一个胡子花白的老人了。因为就在库珀去黑洞附近执行任务的这段时间，罗密利在太空基地已经度过了漫长的23年，尽管库珀感觉这段搜寻时间只有短短的3小时。也就是说，对于同一段流逝的时间，在黑洞附近的库珀感觉这段时间的间隔只有3小时，而待在太空基地的罗密利却感觉这段时间已经流逝了23年，如图1所示。

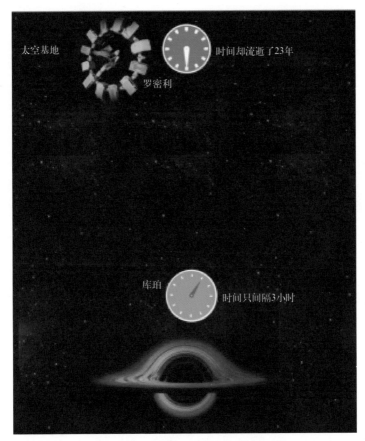

图1　越靠近黑洞，时间流逝得越慢❶

　　这个结果就意味着一个我们在日常生活中从未体验过的结论：时间在不同地方流逝的快慢是不一样的。就像这个电影情节一样，时间在黑洞附近流逝得更慢。越靠近黑洞，时间流逝得越慢。实际上，任何一颗星球都会对周围的时间产生这种影响，在越靠近星球的区域，钟会走得越慢，如图2所示。

　　钟变慢的程度取决于两个因素：钟靠近星球的距离、星球质量的大小。星球质量越小，时间流逝变慢的程度就越不明显。以地球为例，每隔10亿年，我们脚底的时间比我们头顶的时间才慢了约4s；每隔100年，地球表面处的时间比无穷远处的时间才慢了约2s。即使对于太阳而言，每隔1年，太阳表面处的时间比无穷远处的时间只慢了大约1分钟，如图3所示。

---

　　❶ 为凸显不同情况下钟表时间流逝速度的差别，在本书部分图中，对钟表表盘指针转动幅度进行了一定程度的夸张处理。

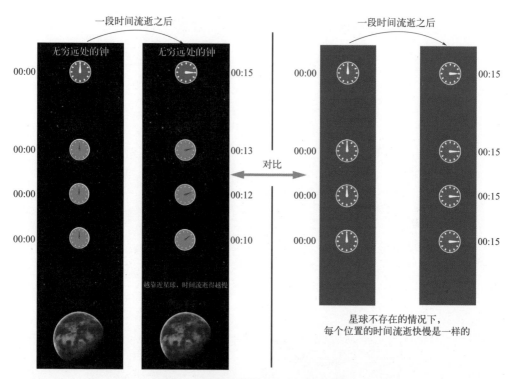

图2　时间流逝快慢的广义相对性[1]

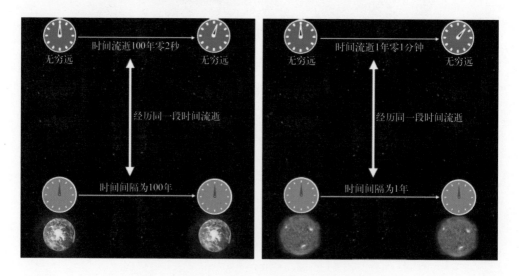

图3　在太阳系，时间流逝变慢的程度极其微小

---

❶ 书中的表盘主要为示意，为便于观察，对时钟上的指针进行了简化。

如此微小的差别在日常生活中根本察觉不出来，从而在上万年的历史长河中，人类从感官经验中总结出一条错误结论：时间在每个地方流逝的快慢都严格相同（很有可能，正读到这句话的你都还是这样认为的）。这是一个我们之前从未怀疑过的结论，就像我们从未怀疑过明天的太阳会照常升起一样。但是时间，这个我们既熟悉又陌生的对象，所蕴含的丰富性质一直隐藏在这个错误结论背后，进而导致整个世界的真实模样都隐藏在由这个错误结论编织起来的错觉世界中。

直到有一天，一位英雄式的人物——爱因斯坦拨开了迷雾（图4），突然向世人宣布，他已经证明了：我们之前熟悉的那个世界仅仅是一种错觉，真实世界并不是这样的。就像《星际穿越》的那个情节让我们看到的那样，在真实世界中，每个地方的时间并不是同一个时间，时间是相对于空间位置而言的。这种相对性就是广义相对性，研究时间与空间位置如何关联的理论就是广义相对论❶。至于时间为什么会变慢，本书最后一章会给出解释。

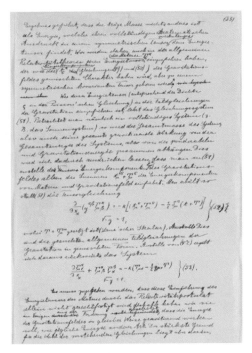

图4　爱因斯坦与他发表的广义相对论手稿

---

❶ 在更一般的引力场中，还可能出现这样的情况，即昨天的时间流逝快慢与今天的时间流逝快慢也不一样。

不仅如此，除了时间的流逝快慢之外，空间的长短、质量的大小，甚至包括光速的大小都具有类似的相对性。只不过地球对它们造成的相对性是十分微弱的，以至于日常生活中根本察觉不到这些差别的存在。如果把这些差别放大100万亿倍，那么这些差别就有了明显的感受强度，我们就能体验到这些差别的存在，体验到这个世界的真实面貌。当你第一次身处这样的世界时，一定会感觉到怪异和不适应，因为日常生活中很多习以为常的结论在这样的世界里不再成立。

　　对于一个充满好奇心的人来说，最震撼人心的事情莫过于我们曾经无比坚信的结论只是一种错觉，而世界的真实模样就隐藏在这些错觉背后。那么，接下来我们先通过一颗假想星球来了解一下这个真实模样，一个在日常生活体验中察觉不到，但又真实存在的模样。

第 **1** 章

樱满集星

——不曾感知到的世界的真实模样

长期以来，我们所使用的时间只是一个人为标记时间，而不是真实时间，但又误认为它就是真实时间。

想象宇宙中存在这样一颗星球，它的半径只有10km（千米），但质量却是太阳那么大，如图5所示。很显然，相对地球来说，这颗星球的密度是巨大的，大到每立方厘米的物质就有上亿吨，这和中子星的密度差不多了。生命在这样的星球上无论如何都无法存在，假如一个人不幸被搬到这颗星球表面，那么他在一瞬间就会被强大的重力压扁，扁到还没有一张纸厚。不过，为了更形象地展示广义相对论世界的真实模样，我们想象人类仍然可以生活在此星球上。我们把这颗星球称为"樱满集星"（imagined planet），把星球上生活的人称为"樱满集星人"。

樱满集星
质量：和太阳质量差不多
半径：约10km

图5 一个假想的星球

樱满集星人体验到的世界模样与地球人体验到的世界模样完全不同。不过，这里只描绘樱满集星人在时间流逝快慢、空间长短、质量大小、能量大小、光速大小等各方面的体验，而假设其他方面的体验和地球上的体验是一样的。比如假设在樱满集星上，一天也是24小时，一年也是365天，也存在平原、丘陵、高原。假设平原海拔为1m（米），丘陵海拔为2000m，高原海拔为4000m。尽管樱满集星的半径才10km，但为了和大家在地球上熟悉的体验进行对比，我们仍然假设樱满集星上存在海拔4000m的高原。

1.1

樱满集星人体验到的时间

首先描绘一下樱满集星人在时间方面的不同感受。假设在海拔2000m的丘陵地区，有一栋200m高的公司大楼。在这栋大楼里，公司高管们都在一楼办公，这不是因为公司高管们大公无私，把公司顶楼让给员工享用，而是因为与在顶楼办公相比，在一楼办公每天可以年轻4分30秒，1年就会年轻1天零3小时，到60岁时就会年轻2个月零8天了（为便于计算，这里假设人们从出生开始就全都处在同一楼层）。

　　如果一个贪心的樱满集星人不满足于只年轻2个多月，他可以搬到海拔只有1m的平原地区去住。由于平原海拔相比丘陵降低了约2000m，他会比一直待在丘陵地区的樱满集星人年轻23个月。也就是说，当一直待在丘陵地区的樱满集星人60岁时，一直待在平原地区的樱满集星人才58岁，而一直待在高原地区的樱满集星人这时候已经62岁了，如图6所示。

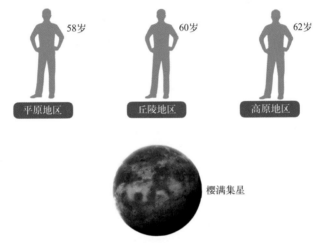

图6　在海拔越低的地方，人越年轻

　　在公司顶楼办公的员工，除了比在一楼办公的高管们老得更快之外，每天还不得不做一些额外的麻烦事情，比如每天到公司后的第一件事情就是把自己办公室里面的钟往回拨慢4分30秒。因为处于不同高度位置的钟走得快慢是不一样的，所以只有在这样做之后，当一楼高管们通知上午9:00准时开晨会时，顶楼员工才能勉强准时出席会议（既不提早1分钟，也不迟到1分钟）。也就是说，只有这样拨动钟之后，当一楼高管办公室里面的钟显示9:00时，顶楼办公室里面的钟才能也显示9:00。

　　但不要以为处于一楼的高管们就不需要处理这种麻烦事，他们也是难以幸免的。假设公司总部处在海拔只有1m的平原地区，为了和公司总部的钟的指针所指刻度保持一致，丘陵地区的高管们在办公室还需要摆放另外一台钟，而且不得不每隔1小时就将此钟往回拨慢1分50秒，如图7第三排钟表所示。同样因为只有在这样做之后，当平原地区的公司总部通知在下午2:00开视频会议时，丘陵地区的公司高管们也才能勉强准时出席会议（既不提早1分钟，也不迟到1分钟）。也就是说，只有在这样拨动钟之后，当平原地区公司总部的钟显示2:00时，丘陵地区的高管办公室里面的这台钟才能勉强也显示2:00。

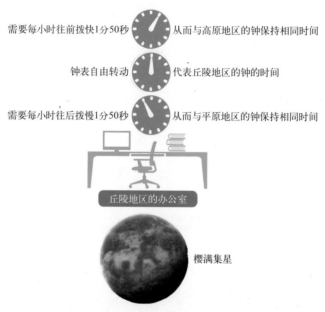

需要每小时往前拨快1分50秒　从而与高原地区的钟保持相同时间

钟表自由转动　代表丘陵地区的钟的时间

需要每小时往后拨慢1分50秒　从而与平原地区的钟保持相同时间

丘陵地区的办公室

樱满集星

图7　为了与不同地区时间协调一致，需要摆放多台钟

如果公司的供货商处在海拔4000m的高原地区，那么丘陵地区的高管们的办公室还需要再摆放一台钟，如图7第一排钟表所示。然后不得不每隔1小时就将此钟往前拨快1分50秒，以便于和此供货商在时间上协调一致地工作。

所以，在公司高管们的办公室里，最终会摆满与各个地方对应的不同钟，然后每隔一段时间，高管们都需要将这些钟往回拨慢或者往前拨快一定的时间。这样一来，樱满集星人上班几乎无法做别的事情了，光是准确地拨弄这些钟就够他们累的。

好在解决这些麻烦一点也不困难，只需要一个权威机构为全星球各地制定一套拨动钟的统一规则就可以了。所以不久之后，政府就成立了一个拨动钟管理委员会，由它来统一协调全星球各地拨动钟的方法。经过简单的研究之后，拨动钟管理委员会就发布了如图8所示的规则。

就这样，在拨动钟管理委员会统一管理之下，事情得到了圆满的解决，不同海拔地区的办公室只需要放两台钟就足够了。

樱满集星拨动钟管理委员会

樱满集星　01号
★

各海拔地区：
　　经研究决定，以平原地区的钟的时间作为基准，全星球各地的钟每隔一段时间都需要拨动一下指针，要求拨动之后的时间与平原地区钟的时间保持相同。

图8　全星球各地采用统一拨动钟的方法

　　第一台钟就是图9中位于第二排的钟。这类钟需要每隔一段时间就拨动一次，以保持该钟时间与平原地区基准钟的时间相同。这样一来，全星球各地的这类钟的时间是统一的，都显示同一个时间。不同楼层、不同海拔地区的樱满集星人沟通交流时，他们就统一使用这类钟的时间，这样就可以保证协调一致了。

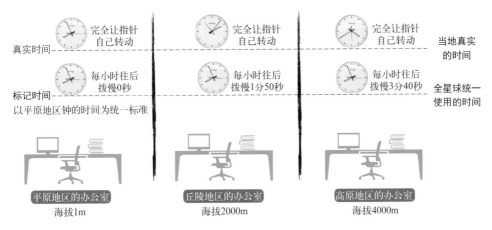

真实时间

完全让指针自己转动　　完全让指针自己转动　　完全让指针自己转动　　当地真实的时间

标记时间

每小时往后拨慢0秒　　每小时往后拨慢1分50秒　　每小时往后拨慢3分40秒　　全星球统一使用的时间

以平原地区钟的时间为统一标准

平原地区的办公室　　丘陵地区的办公室　　高原地区的办公室
海拔1m　　海拔2000m　　海拔4000m

在"拨动钟管理委员会"统一协调下，樱满集星人的办公室

樱满集星

图9　只需要两台钟就能解决因时间变慢带来的麻烦

第二台钟就是图9中位于第一排的钟。这类钟不需要拨动，完全让它的指针自由转动。第二台钟是用来告诉自己，时间实际上到底已经过了多久。

　　当然，拨动钟管理委员会发布的这套规则并不是唯一可行的，委员会也可以发布以丘陵地区的钟为基准来统一拨动钟。

　　所以，对于樱满集星人来说，自打出生之日起，他们就已经习惯于生活中存在两种时间了，他们并不觉得这是一件匪夷所思、不可接受的事。那么樱满集星人是如何看待这两类钟的时间的呢？

　　每隔1小时就需要往后拨慢的钟并不表示当地时间流逝的真实快慢，只是为了方便全星球能够协调一致地交流而人为标记出来的时间，所以这些钟的时间称为**标记时间**。当樱满集星人发展出物理学之后，这个标记时间被物理学家称为坐标时间。而指针自由转动的那些钟的时间才表示当地时间流逝的真实快慢，所以这些钟的时间称为**真实时间**。

　　这就是时间向我们展示出的真实模样。对于樱满集星人而言，从出生时起，他们对此就已经习以为常了。对于地球人而言，时间的真实模样也是这样的。如图10所示，以平均海拔高度约43m的北京的钟的时间为基准，那么平均海拔高度约4m的上海的钟每隔1小时需要往前拨快0.000000000016s；平均海拔高度约3650m的拉萨的钟需要每隔1小时往后拨慢0.0000000014s。

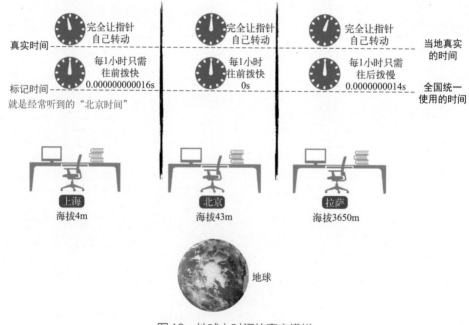

图10　地球上时间的真实模样

　　当然，如此微小的差别，我们就没有必要每隔1小时就去拨动一次钟了，甚至每隔1年都没有必要去拨动一次。因为实际情况是每隔1000万年，上海的钟只需要往前拨快1.4s就够了。地球上没有一种生物可以活这么久，没有一种生物能够以"肉眼可见"的方式亲身体验到这一差别的存在，以至于我们一直都在错误地将需要靠人为拨动钟表才能得到的标记时间当成了真实时间，也就是一直都在错误地将图10中第二排的标记时间当成了第一排的真实时间，而且对此毫无察觉（正阅读到这句话的你之前有察觉到这一点吗）。

　　这样的混淆无所不在，在日常生活中人们早已经习以为常。比如说，上海的张三刚买了一块手表，那么张三需要做的第一件事情就是回家打开电视，把手表的时间和中央电视台（CCTV）播报的时间（即北京时间，这里假设电视信号传输不花费时间）对齐。对齐的方法就是当看到CCTV的时间正好显示8:00时，张三就立即将自己手表的指针拨到8:00。

　　张三接下来就开始他的工作生活，他与北京的李四计划在第二天早上的北京时间9:00准时开视频会议，那么张三和李四如何做到严格准时参加呢？他们采用的办法就是各自盯着自己的手表，当张三看到他的手表指针指向9:00时就立即进入视频会议，当李四看到他的手表指针指向9:00时也立即进入视频会议。在这样的操作之下，张三和李四都认为自己准时参加了会议，但真实的情况却是：李四准时参加了会议，而张三却迟到了，尽管只迟到了一百亿分之一秒都不到。

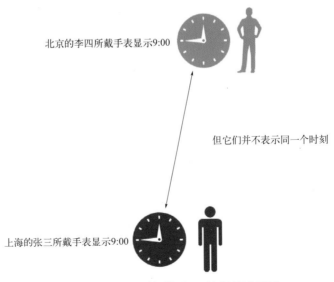

北京的李四所戴手表显示9:00

但它们并不表示同一个时刻

上海的张三所戴手表显示9:00

图11　地球上，时间的同一时刻的真实模样

张三之所以会迟到，就是因为他把北京时间9:00误认为是自己手表的9:00了，也就是把图10中的人为标记时间（如中央电视台播报的北京时间值）当成了真实时间（可用自己手表的时间代表）。但真实情况是，北京时间9:00与上海张三手表的9:00并不代表同一个时刻，如图11所示。关于日常生活中对这两种时间的混淆使用，后面的第3章还会进一步详细说明。

　　所以，长期以来，我们所使用的时间概念（例如处于与北京海拔高度不同的上海的张三所使用的北京时间）只是人为的标记时间，而不是真实时间，但同时又被误认为是真实时间。在上万年的历史长河中，我们都没有觉察到它们之间的差别。

　　到了十七世纪，当现代科学革命如火如荼开展的时候，这个人为标记时间被以牛顿为代表的物理学家用科学语言的方式正式写进了科学体系。从此之后，这个人为标记时间就有了一个科学的名字——牛顿的绝对时间（图12）。因此，牛顿的绝对时间只是一种人为标记的时间，并不代表真实的时间。

牛顿的绝对时间

在每个位置，钟的时间都是一样的

图12　日常生活中使用的时间观念

　　以牛顿力学为代表的现代科学让人类的生产力得到了空前提高，从而彻底重新塑造了人类的整个文明，而牛顿的时间观也就随之成为现代每个人去看待世界的方式，成为我们日常生活中的时间观念。但牛顿的时间仅仅是一种人为标记的时间，而非真实的时间，所以实际上我们一直都生活在由这个标记时间所构造的"错觉世界"中，直到爱因斯坦的出现才扭转了这一局面。爱因斯坦采用他那高超的理性推理，终于洞察出了这两种时间之间的差别，进而揭露出隐藏在这个错觉背后的世界真实模样，而描述这个真实模样的理论就是广义相对论。本书下篇将会介绍爱因斯坦当年那些动人心魄的、探索出这个真实模样的推理过程。

樱满集星人体验到的空间

接下来描绘一下樱满集星人对空间方面的不同感受。在丘陵地区，当员工刘二到公司一楼等电梯时，他的身高是180cm（厘米），可是当他乘电梯上到200m的公司顶楼时，他的身高立刻就变矮了，只有179.5cm。这还不是最让刘二感到郁闷的情况。要是公司派他到高原地区的供货商那里出差，刘二会感到更加郁闷。因为当他一到高原地区，他的身高立刻变得更矮了，只有175cm。刘二内心更希望派他到平原地区的公司总部，因为当他一到那里，他的身高立刻变为185cm了。

但实际上，刘二大可不必为此感到郁闷或高兴。刘二隔壁同事翠花的身高是170cm，刘二比翠花高出10cm，这让刘二充满了自信。有一次，公司派他们一起到高原地区的供货商那里出差，刘二的身高变矮了，只有175cm，翠花的身高也变矮了，只有165.3cm。刘二比翠花高出9.7cm。

而且，在肉眼的视觉效果上，刘二是感受不到这一切改变的，背后的原因如下。采用丘陵地区一家工厂制造出的直尺测量刘二身高时，该直尺的测量值是180cm。然后，刘二携带着这把直尺来到平原地区，他也用这把直尺测量自己的身高，发现用该直尺测量的值仍然是180cm，可是刘二在平原地区的实际身高已经是185cm了。接着，刘二携带着这把直尺来到高原地区，他也用这把直尺测量自己的身高，发现该直尺测量的值仍然是180cm，可是刘二在高原地区的实际身高已经是175cm了，如图13所示。

总之，刘二发现无论在平原、丘陵还是高原，他用这把直尺测量的身高都是180cm，所以刘二在直观上感受不到他的身高已经发生了改变。这是因为直尺本身的长度在高原地区会发生等比例的收缩，在平原地区会发生等比例的伸长。

那么，刘二如何才能知道自己的身高确实发生改变了呢？为此，刘二需要另外一台与直尺完全不同的测量身高的仪器。这台仪器测量身高的原理非常简单，那就是仪器从刘二的脚底位置发出一束光，然后在头顶位置接收到这束光，同时精确测量出这束光在此过程中传播的时间。那么刘二的身高就等于光速（约为 3×10^8 m/s）乘以这段传播时间，如图14所示。

需要强调的是，采用这台仪器测量出的身高数值与采用直尺测量出的身高数

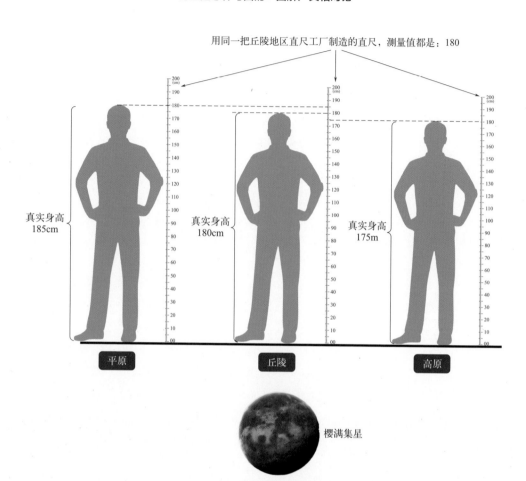

图 13　空间长度的真实模样

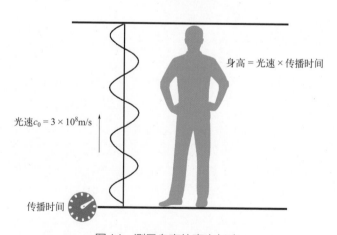

图 14　测量身高的真实长度

值并不相等。比如在平原地区，采用这台仪器测量出刘二的身高是185cm，而采用那把直尺测量出的却是180cm。在高原地区，采用这台仪器测量出刘二的身高是175cm，而采用那把直尺测量出的却仍然是180cm。

对于地球人来说，这个结果是完全无法接受的，同一个人怎么可能有两种身高呢。这是因为地球人一直以来都认为，同一个人或者同一根细棒，或者其他什么物体的长度值肯定是唯一的。这已经成为地球人思想观念中一个无可置疑、显而易见的结论。如果有人对此质疑，一定会被大家嘲笑。和时间的观念一样，这个结论也只是来源于我们的直觉和成千上万年的习以为常，但它并不是空间长度的真实模样。可是，樱满集星人习以为常的反而是同一个人存在两种身高，他们已经天然地觉得同一个人在不同地点具有两种身高数值才是正常的。

由于用同一把直尺无论在平原、丘陵、高原测量出的刘二的身高都是一样的，都是180cm，而用不同地区生产的尺子测量出的刘二的身高是不同的，如产地分别是平原、丘陵、高原的尺子测量的结果分别为185cm、180cm、175cm。所以为了方便不同地区的人们进行沟通交流，樱满集星人发现也需要出台一条全星球统一的规则。于是，就像成立拨动钟管理委员会一样，政府出面成立了直尺统一管理委员会。经过简单研究之后，直尺统一管理委员会就发布了如图15所示规则。

樱满集星直尺统一管理委员会

樱满集星　02号

★

各海拔地区：
　　经研究决定，在测量长度时，全星球各地的直尺必须统一采用丘陵地区的这家工厂生产的直尺。

图15　全星球各地采用统一的直尺

这样一来，不管刘二走到哪里，采用这把丘陵地区工厂制造的直尺来测量身高时，结果都是180cm。因此，樱满集星人在刘二的身份证或档案资料上记录的身高数值就统一采用这把直尺测量出的180cm这个数值。

当然，直尺统一管理委员会也可以发布其他规则，比如全星球必须采用平原地区工厂制造的直尺。如果按照这个新规则，那么不管刘二走到哪里，采用这把平原地区工厂制造的直尺来测量身高时，结果都是185cm。所以，用直尺测量出来的值到底是多少取决于直尺统一管理委员会发布的规则。同样，这也表明采用哪个地区生产的直尺来进行统一测量也只是一种约定，没有其他原因。

　　所以，对于樱满集星人来说，自打出生之日起，他们就已经感受到同一个物体具有两种长度值了，他们并不觉得这是一件匪夷所思、不可接受的事。那么，樱满集星人又是如何看待这两种长度值的呢？

　　由于不管在平原、丘陵、高原或者其他地方，采用这把丘陵地区工厂制造的直尺测量出的刘二身高都是180cm，所以180cm这个长度值更加便于记录和沟通交流时使用，因此把它称为**标记长度**。当然，180cm这个长度值也是我们可以从直尺上直接读出来的值，所以也可以把它称为**看上去的长度**。当樱满集星人发展出物理学之后，这个标记长度或看上去的长度被物理学家称为坐标长度。而采用那台仪器测量出的刘二的身高在平原是185cm、在丘陵是180cm、在高原是175cm，它才能反映出刘二的真实身高，因此把这个值称为**真实长度**，如图16所示。

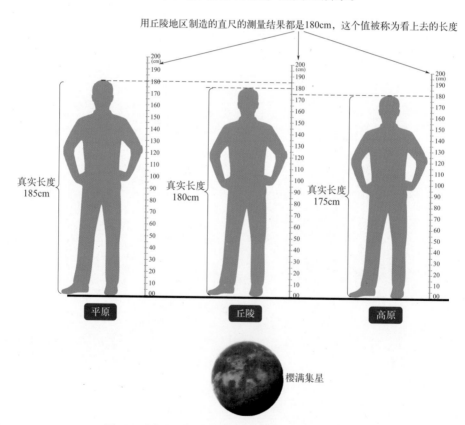

图16　空间的两种长度：看上去的长度和真实长度

这才是空间长度向我们展示出的真实模样。对于同一个观测者来说，在同一个地点，同一个物体居然具有两种长度值，它们分别是看上去的长度和真实长度。

当然，空间长度在地球上也是这样的。只不过在地球上，这两种长度之间的差别实在是太微小了。比如对于地球上张三的身高来说，这种差别还不到一个原子的大小，具体差别如图17所示。位于丽江的张三采用丽江工厂制造的直尺测量出身高为180cm；当张三带着这把直尺来到上海之后，张三的真实身高已经改变为180.00000000005cm，但用这把直尺测量的张三身高仍然是180cm；当张三带着这把直尺来到拉萨之后，张三的真实身高已经改变为179.99999999998cm，但用这把直尺测量的张三身高仍然是180cm。

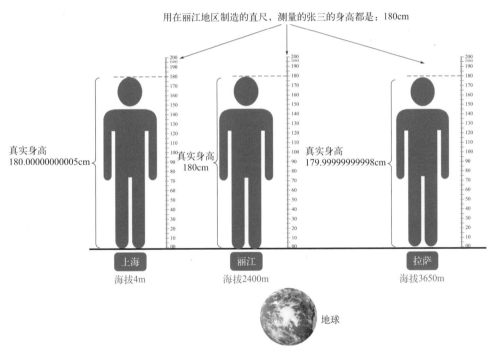

图17　地球上空间长度的真实模样

看上去的长度和真实长度之间的差别是如此微小，以至于地球上没有一种生物仅仅凭借知觉就能觉察出这个差别，从而让我们一直都错误地认为张三的身高在每个地方都是一样的。也就是说，我们所使用的长度概念一直都是这个标记长度或看上去的长度，而不是真实长度，并且还错误地以为它就是真实长度。所以实际上，我们一直都生活在由这个看上去的长度所构造的"错觉世界"中，直到爱因斯坦才揭示出背后的真实模样。而描述空间真实模样的理论就是广义相对论。

1.3

地球人与樱满集星人之间的协议

前面谈到过，樱满集星的直尺统一管理委员会也可以发布其他规则，比如要求全星球各地的直尺必须统一采用平原地区工厂生产的直尺。那么在这个新规则之下，不管刘二走到哪里，用这把直尺测量身高的测量值都是185cm。所以，看上去的长度到底是多少，完全取决于这把直尺是在哪里生产的。

那么，如果樱满集星人有幸得到一把地球工厂制造的直尺，然后用它测量身高时，测量结果一定会让刘二非常郁闷。因为这把来自地球的直尺显示他的身高只有154cm，如图18所示。所以，如果樱满集星人刘二有机会来到地球，他的真实身高大约只有154cm。

如果有一天，樱满集星人和地球人取得了联系，建立起沟通交流（当然，这一天永远不会到来），那么沟通交流在刚开始的阶段就会遇到障碍。比如说，樱满集星人说刘二的身高是180cm，而地球人说刘二的身高只有154cm。解决这些麻烦的方式和前面一样，只需要樱满集星人和地球人达成一个协议，那就是将直尺统一管理委员会升级为宇宙级的，即成立宇宙直尺统一管理委员会来为整个宇宙制定一套"直尺统一采用规则"。另外，为了解决樱满集星人和地球人在时间上的类似沟通障碍，拨动钟管理委员会也需要升级为宇宙拨动钟管理委员会。同样，简单研究之后，两个宇宙级的管理委员会就发布了如图19所示规则。

在遵循这些规则的条件之下，整个宇宙只存在两套时间值和两套空间长度值，如图20所示。

存在两套时间值： 第一套时间是标记时间，记为 T。此时间 T 在宇宙各个角落都有相同的取值，也就是宇宙各个角落共有一个取值。根据发布的统一规则，时间 T 的取值正好与无穷远、无引力区域的一块钟的时间相同。第二套时间就是真实时间，记为 t。它代表时间流逝的真实快慢。在同一个时刻，时间 t 在宇宙的各个角落具有不同的取值，具体取值正好等于各角落钟表的实际刻度。

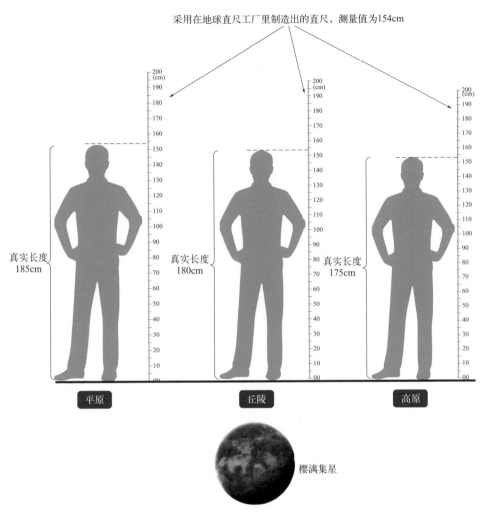

图18　将一把地球制造的直尺拿到樱满集星

宇宙拨动钟管理委员会

宇宙直尺统一管理委员会

宇宙　01号
★

全宇宙各角落：

　　以无穷远、不存在引力的区域内的钟作为基准，这个钟称为标准钟。全宇宙每个地区的钟每隔一段时间都需要拨动一下指针，要求拨动之后的时间与这个标准钟的时间保持相同。

宇宙　02号
★

全宇宙各角落：

　　在测量长度时，全宇宙统一采用在无穷远、不存在引力的区域内生产制造的直尺。这把直尺称为标准尺。

图19　关于标准钟和标准尺的规则

存在两套空间长度值：第一套空间长度是看上去的长度，记为 L。当同一个物体位于宇宙各个角落时，该物体的这种长度 L 都具有相同的大小。根据发布的统一规则，一个物体的长度 L 等于采用在无穷远、无引力区域内制造出来的且随物体发生了等比例伸长的直尺所测量出的值。第二套空间长度就是真实长度，记为 l。它的大小等于采用在无穷远、无引力区域内制造出来的，但没有随物体等比例伸长的直尺所测量出的值。对于同一个物体，当它位于宇宙不同角落时，它的第二套空间长度 l 具有不同的取值。当需要比较两个物体的长短时，就需采用第二套空间长度 l 才能得出哪个物体真的更长。

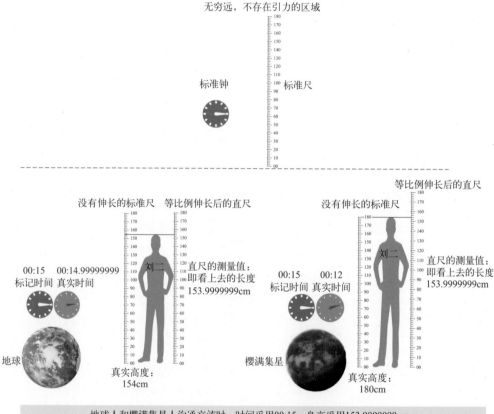

图20　时间和空间的两套测量值

在地球上，这两套时间值和两套空间长度值之间的差别实在是太微小了，以至于我们**一直以来都在把标记时间 T 当成了真实时间 t，把看上去的长度 L 当成了真实长度 l**，并且对此毫无察觉。

所以当告诉一位地球人（比如正在阅读本书的你），这个世界存在两套时间值和两套空间长度值时，他一定会觉得太不可思议，纯属无稽之谈。但在樱满集星上，这两套时间值和两套空间长度值之间的差别就非常明显，所以樱满集星人从出生开始就自然地认为这个世界存在两套时间值和两套空间长度值才是正常合理的，只需要一套时间值和一套空间长度值反而才是不可思议的现象。

当然，在实际中，地球上的"拨动钟管理委员会"没有必要选取无穷远、无引力区域的钟作为标准，而是可以选取处于北京的钟作为标准来规定标记时间，这个标记时间就是大家无比熟悉的北京时间。地球上的"直尺统一管理委员会"也是可以选取北京工厂制造的直尺作为标准来规定看上去的长度。

樱满集星人体验到的质量

接下来描绘一下樱满集星人对质量的不同感受。当刘二来到公司一楼等电梯时，他身体的质量是60kg（千克），可是当他乘电梯上到200m的公司顶楼时，他身体的质量变小了，只有59.8kg。当刘二来到高原地区时，他身体的质量变得更小了，只有58.2kg。当刘二来到平原地区时，他身体的质量却变大了，增加到61.8kg。

但是，如果天平的砝码是在丘陵地区的工厂里制造的，那么采用这架天平来测量刘二身体的质量，无论是在平原、丘陵还是高原，天平测量出的结果都是60kg，如图21所示。这是因为砝码的质量在高原地区会等比例地减少，在平原地区会等比例地增加。所以，如果采用这个天平来测量刘二身体的质量，刘二并不能感受到自己身体质量的这种改变。也就是说，在肉眼可见的效果上，刘二感受不到这种改变。

那么，刘二身体真实质量的改变如何才能体现出来呢？方法有很多种。假设有一种方法能够将身体质量全部"燃烧"成光辐射，就类似于原子弹爆炸那样。不过原子弹爆炸只是将燃料铀-235的一部分质量"燃烧"成光辐射了，而现在假设的方法是能够把身体的全部质量都"燃烧"干净。那么根据质能方程$E=mc^2$（后面将会谈到爱因斯坦如何得到这个著名方程），刘二身体全部质量有多少就可以采用这些光辐射全部能量的多少来衡量。

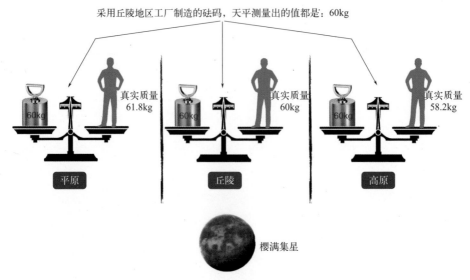

图21 质量的真实模样

而樱满集星给一束光带来的最大影响就是所谓的引力红移现象，也就是同一束光离樱满集星越远，它的颜色就越红。一束光颜色越红，它的频率就越小。再根据爱因斯坦的光子假说，一束光的频率越小，它所包含的能量就越小。也就是说，对于同一束光，它所处的地区海拔越高，这束光所包含的能量就越小。

所以，如果把刘二身体全部质量的"燃烧"过程搬到高原地区，那么"燃烧"产生光辐射的总能量就会变小，如图22所示。如果将此过程搬到平原地区，那么"燃烧"产生光辐射的总能量就会变大。再根据质能方程 $E=mc^2$，在高原地区，刘二的身体质量就会变小；而在平原地区，刘二的身体质量就会变大。

同样，对于樱满集星人来说，他们已经习惯于这样一个事实：同一个物体同时具有两种质量。第一种质量的大小采用天平测量得到，记为 M。当同一个物体位于不同海拔高度时，该物体的这种质量 M 都具有相同的大小。第二种质量的大小表示该物体所包含能量的多少，记为 m。当同一个物体位于不同海拔高度时，该物体的这种质量 m 的大小并不相同。**这就是物质的多少，即质量这个概念的真实模样**。最后一章会解释为什么会这样。

当然，质量的这个真实模样在地球上也是存在的，即同一个物体也具有两种质量。只不过在地球上，这两种质量之间的差别也是极其微小的，如图23所示。位于丽江的张三采用丽江工厂制造的天平测量身体质量时，测量的值是60kg，也就是说张三的第一种质量 M 的大小为60kg，第二种质量 m 的大小也是60kg；如果张三和该天平一起搬到上海，那么张三用这个天平测量的值仍然是60kg，

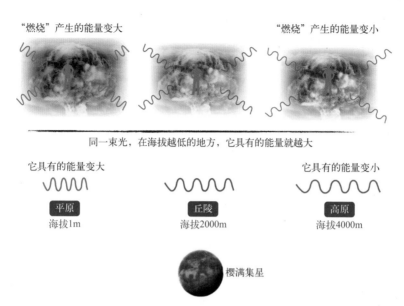

图22　如何证明真实质量确实改变了

即张三的第一种质量 M 的大小仍然为 60kg，但张三的第二种质量 m 已经变大了，具体变大为 60.000000000017kg；如果张三和该天平一起搬到拉萨，那么张三用该天平测量的值仍然是 60kg，即张三的第一种质量 M 的大小仍然为 60kg，但张三的第二种质量 m 已经变小了，具体变小为 59.99999999992kg。

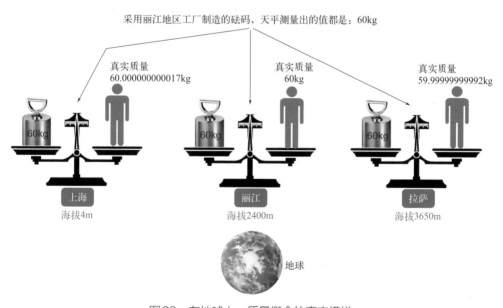

图23　在地球上，质量概念的真实模样

同样，地球上没有一种生物仅仅凭借知觉就能觉察到这个无比微小的差别，以至于我们一直都在错误地将天平显示的测量值60kg当成物体真实质量的大小。也就是说，长期以来，我们都在错误地把第一种质量M当成物体的第二种质量m。所以，对于物体的质量，我们同样把一个"错觉世界"长期当成了世界的真实模样，直到爱因斯坦的出现才扭转了这一局面，最终得到了描述这个真实模样的理论——广义相对论。

1.5

樱满集星人测量出的光速值

从前面对樱满集星的描绘中已经看到：在世界的真实模样中，衡量时间流逝的快慢、空间的长短、质量的大小都有两套数值。那么，以时间、空间和质量衍生出来的其他概念当然也可能存在多套数值了，比如光的传播速度。

大家都知道速度等于距离除以时间。但在世界的真实模样中，衡量时间的快慢和空间的长短各自都有两套数值，那么速度的计算就有四套数值，如图24所示。

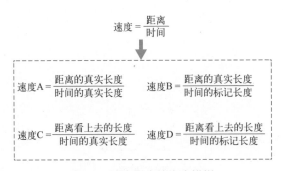

图24　速度概念的真实模样

我们之前在那个"错觉世界"中一直都在采用速度D描述运动快慢。那么，在世界的这个真实模样中，比如当樱满集星人想要描述一个物体运动快慢的时候，应该采用哪套速度值呢？答案是都可以。

不过，对于同一个运动过程，采用不同计算方法就会得到完全不同的结论，比如采用速度B来描述运动的快慢，那么同一个运动过程在海拔越低的地方就运动得越慢。这是很容易理解的，因为海拔越低的地方，时间流逝就越慢，而时间流逝变慢表现出来的方式就是运动过程都会变慢。运动过程当然包括钟表指针旋转的过程，也包括光的运动过程。

所以，采用速度B来描述运动的快慢，在海拔越低的地方，光速就越慢，如图25所示。如果仍然采用速度D来描述运动的快慢也会得到类似的结论，而且采用速度D的公式计算出的结果比采用速度B的公式计算出的结果更慢，因为物体运动的距离看上去会更短。不过，采用速度D描述的运动快慢更接近于我们视觉看上去的快慢。

越靠近星球的光速越慢，就会让光线看上去产生弯曲，这是因为速度越慢就意味着在相同时间内传播的距离越短（图25）。

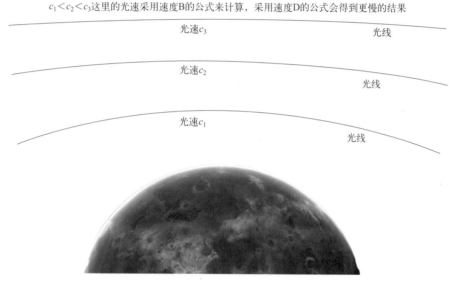

图25　越靠近星球，光速越慢，但这个光速是采用速度D或速度B的公式计算的

当然，这个结论与狭义相对论的光速不变假设并不矛盾，因为如果采用速度A来描述运动的快慢，不同海拔高度的光速仍然是相等的，即光速是不变的。另外，物理学家更喜欢采用速度C来描述运动的快慢，因为这样可以让相关的计算过程得到简化。

第 **2** 章
空间的弯曲
——表现为空间长度变长

地球会让附近空间的真实长度变长，从而让两个固定点之间的空间被"挤压"，进而不得不朝另外一个维度发生弯曲。

一颗星球会让周围空间的真实长度变长，这会使空间产生一种不可思议的改变，那就是空间发生了弯曲，下面就来解释为什么会这样。

先考虑一种简单情况，假设我们生活在一维空间中，比如在一条直线上，我们的视觉系统也只能感知到一维的空间。然后在这个一维的空间中选择两个固定的空间点 A 和 B，它们之间的长度是 1m，如图 26（a）所示。然后，假设 A 和 B 两点之间的真实长度变长，比如变长为 1.5m，如图 26（b）所示。

但是 A 和 B 两个空间点是固定的，那么原本只能容下 1m 长度的 A 和 B 两个空间点之间，怎么能容下 1.5m 的长度呢？答案就是 A 和 B 两点之间的这段空间必须朝我们视觉系统不可感知的另外一个空间维度发生弯曲，如图 26（c）所示。可以采用一种类比方式来理解这个结论，那就是 A 和 B 两点之间真实长度变长所造成的"挤压"导致这段空间弯曲变形了。不过需要特别强调的是，这个弯曲变形是朝我们视觉系统不可感知的另外一个空间维度进行的，因为这里已经假设我们的视觉系统只能感知到一维的空间。利用这个结论，我们就能很容易理解为什么星球能让周围的空间弯曲了。

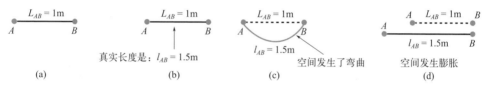

图26　假如生活在一维空间，空间长度变长导致的改变

当然，这个结论可能会遭到这样的反驳，那就是 A 和 B 两点之间真实长度变长所造成的"挤压"也可以导致 A 点的空间位置发生移动，从而给 A 和 B 两点之间"腾出"更多空间，进而容纳下变长之后的 1.5m，如图 26（d）所示。这相当于空间发生了膨胀，而不是弯曲变形。

但是，这种膨胀在星球周围是无法出现的，原因如下：

在离星球越远的地方，星球产生的引力就越小，星球让空间长度变长的程度就越小，空间由此受到的类似"挤压"就越小。特别是在足够远的地方，这种"挤压"就减弱到为零了，那么足够远的这些地方的空间点将是固定的，如图 27 所示。

因此，离星球足够远的这些固定空间点就像"围栏"一样将里面的空间围起来了，从而导致靠近星球的那些空间点无法向外围移动，也就是无法通过空间膨胀的方式来容纳变长之后的 1.5m❶。

---

❶ 不过，通过空间膨胀来容纳变长之后的 1.5m 的方式确实是可以存在的。比如当整个空间的每个位置都分布暗能量的时候，空间就是通过膨胀的方式来容纳变长之后的长度。这种膨胀就是宇宙空间的加速膨胀。

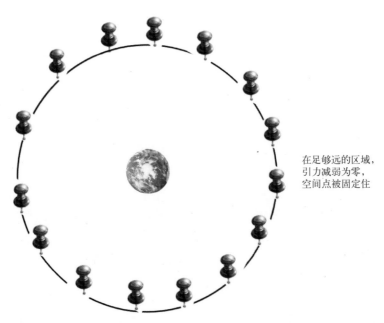

在足够远的区域，
引力减弱为零，
空间点被固定住

图27　在足够远的区域，空间点被固定住了，从而让空间无法向外膨胀，只能弯曲

地球周围空间的弯曲——同一段空间的
长度变长所产生的"挤压"

在真实世界中，我们的视觉系统可以感知到三维空间。同样选择两个固定的空间点 A 和 B，它们之间的长度是1m，如图28（a）所示。然后，地球在这段空间附近出现了，那么地球就会使得 A 和 B 两点之间的真实长度变长，比如变长为1.5m（这里夸大了变长程度，实际程度极其微小），如图28（b）所示。同样，由于 A 和 B 两个空间点是固定的，那么 A 和 B 点之间的空间必须发生如图28（c）红色线段所示的弯曲变形才能容下1.5m的真实长度。

同样，图28（c）中红色线段所示弯曲变形也是朝另外一个不可感知的空间维度进行的，千万不要误会成朝图28（c）中地球的下方发生了弯曲。可以从很多角度来解释这一结论。比如说，由于对称性，图28（c）中绿色线段周围一圈的空间完全是等同的，在周围一圈没有一个方向的空间具有不同性。所以当绿色线段被地球变长为1.5m之后，所造成的"挤压"不可能朝周围一圈的任意一个方向去弯曲变形，从而只能朝另外一个不可感知的维度去弯曲变形。当将图28所示的弯曲推广到地球周围整个三维空间之后，我们就能更加容易理解为什么这种弯曲只能朝另外一个不可感知的空间维度发生。

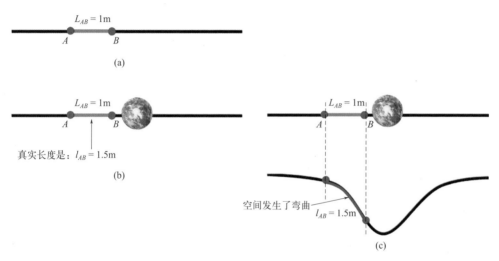

图28 在真实的世界中，空间长度变长导致的改变

　　图28是地球周围一维空间的弯曲情况，地球周围二维空间的弯曲情况也是类似的，它的弯曲方式如图29所示。

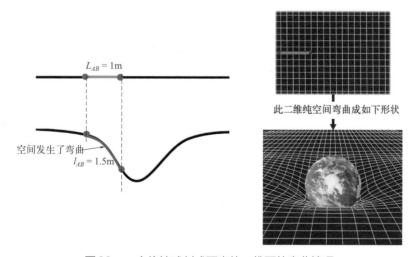

图29 一个将地球剖成两半的二维面的弯曲情况

同样，需要特别强调的是，图 29 右下部分所示的二维面并没有朝我们视觉感知到的第三个空间维度发生弯曲，而是朝视觉不可感知的第四个空间维度发生了弯曲。对此结论我们有另外一个解释角度：由于地球周围空间是三维的，三维空间就有 3 个独立面 (上下面、左右面、前后面，图 29 所示的是上下面)，其中每个面都需要多一个维度去容纳它的弯曲，那么需要多出 3 个维度才能完全容纳地球周围三维空间的全部弯曲形状，也就是总共需要 6 个维度才能呈现地球周围空间弯曲的直观形状。但我们的视觉系统只能呈现 3 个维度，另外 3 个维度是无法被直观呈现出来的，即是我们的视觉不可感知的，也就是说地球周围空间的弯曲是朝视觉不可感知的另外 3 个空间维度发生的。

　　所以，我们的视觉系统无法直观看到地球周围空间弯曲的形状，当然也就无法直观看到图 29 所示二维面的这个弯曲形状。但是，图 29 所示的二维面很多时候被误解为在上下空间方向上发生了弯曲，也就是朝视觉可看见的第三个空间方向发生了弯曲，这是大家之前误解最多的地方，值得澄清。

　　既然视觉系统无法直观呈现这种弯曲，那么弯曲后的三维空间看上去又是什么样子呢？比如图 29 所示的弯曲后的二维面看上去又是什么样子呢？这个问题涉及我们如何测量空间。

空间看上去的形状

　　在第 1 章关于樱满集星的例子中谈到过，星球让周围空间的长度变长会导致 A 和 B 两点之间存在两种长度，即看上去的长度和真实长度。比如图 30 中的 $L_{AB} = 1\text{m}$ 就是看上去的长度，$l_{AB} = 1.5\text{m}$ 就是真实长度。

　　所谓看上去的长度就是用细棒旁边的直尺测量出的值，如图 30 所示。当地球不存在时，用细棒旁边的直尺测量出的值为 $L_{AB} = 1\text{m}$。当地球存在之后，细棒和直尺的真实长度会等比例地变长，导致用直尺测量出的值并没有改变，即测量值仍然为 $L_{AB} = 1\text{m}$。也就是说这根细棒的长度看上去并没有改变，所以这个长度 $L_{AB} = 1\text{m}$ 只能称为看上去的长度。

　　所谓真实长度就是采用没有等比例拉伸过的直尺测量出的值，也就是采用无穷远处或地球不存在时的直尺测量出的值。满足这样条件的直尺称为标准直尺，

地球不存在时，直尺测量出的值

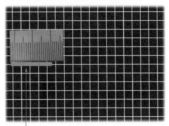

测量值是：$L_{AB} = 1\text{m}$

直尺测量出的值就是看上去的长度，没有被地球改变

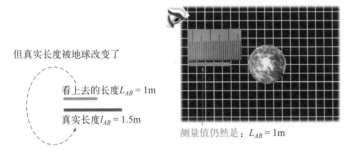

但真实长度被地球改变了

看上去的长度$L_{AB} = 1\text{m}$

真实长度$l_{AB} = 1.5\text{m}$

测量值仍然是：$L_{AB} = 1\text{m}$

图30　同一段空间存在两种长度（这里夸大了两种长度之间的差距）

它所测量出的值就代表真实长度。真实长度由此也被称为标准长度。比如当地球存在之后，采用标准直尺测量出该细棒的真实长度为$l_{AB} = 1.5\text{m}$。

　　既然空间看上去的长度并没有被改变，那么采用看上去的长度绘制出的空间图与地球不存在时的空间图就是一样的，即与没有弯曲的空间图是一样的。也就是说，地球周围空间的形状看上去似乎并没有发生弯曲，和地球不存在时的形状是一样的，如图31（a）所示。

空间看上去的形状
它采用看上去的长度来绘制

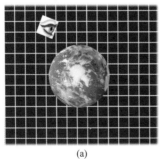

(a)

空间真实的弯曲形状
它采用真实长度来绘制

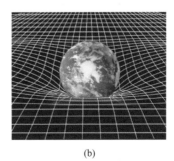

(b)

图31　空间看上去的形状和真实的弯曲形状

空间弯曲的表现方式

尽管空间看上去的形状并没有弯曲，如图31（a）所示。但空间的确已经发生了弯曲，如图31（b）所示。那么，空间真实存在的弯曲，在看上去的空间图中会以什么方式体现出来呢？也就是图31（b）的弯曲在图31（a）中会以什么方式体现出来呢？

体现方式有很多。其中一种方式就是：一条直线看上去却是弯曲的，如图32所示。直线就是两点之间最短（如果包含时间的维度，也可以是最长）的一条线。图32中实线的真实长度比虚线的真实长度要短，所以实线才是一条直线。但在采用看上去的长度绘制出的空间图中，即在图32（a）中，实线看上去却是一条曲线。也就是说，这条直线看上去是弯曲的。

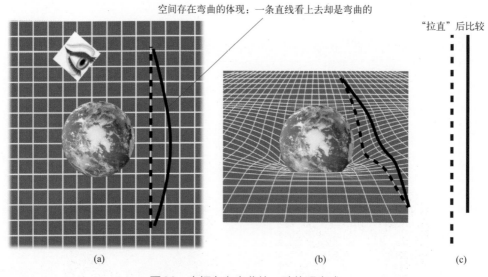

图32　空间存在弯曲的一种体现方式

所以，空间存在弯曲的一种体现方式就是：一条直线看上去却是弯曲的。当然，通过此体现方式，我们反过来就能够验证空间是否真的存在弯曲。比如光线就是一条直线（因为光总是沿直线传播）。那么，如果光线看上去存在弯曲，这就表明地球周围空间确实存在弯曲。不过，在本书第5章将会谈到，纯空间的弯曲对光线造成的弯曲只占光线总弯曲的一半。

　　一条直线看上去存不存在弯曲，还可以通过该直线的切线方向是否发生偏转直观表现出来，如图33所示。当然，图33严重夸大了这个偏转角度，实际情况是：如果一条光线从地球旁边经过，那么，纯空间弯曲导致这条光线方向偏转的角度大约只有0.00028角秒（又称弧秒）。

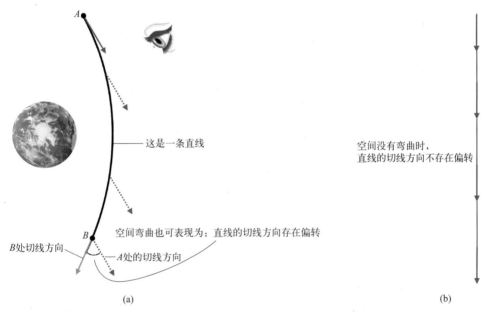

图33　空间存在弯曲在视觉上还可以表现为直线切线方向存在偏转

　　直线的另外一个特征是每个点的切线方向都是相同的，如图33（b）所示。所以，空间是否存在弯曲，还可以通过两个平行方向之间是否存在夹角直观地表现出来。这样一来，我们就可以通过平行移动一个方向，然后测量平移之后的方向与平移之前的方向是否存在夹角，来直观看出空间是否存在弯曲。

　　通过一个熟悉的例子可以轻松理解这种判断方法为什么奏效。如图34的弯曲球面所示，红色实线箭头和黑色箭头都垂直于赤道，它们都指向北极。在二维球面上，红色实线箭头与黑色箭头都是平行的。但黑色箭头必须改变一定角度才能继续指向北极，这就导致平移之后的方向（用黑色箭头代表）与平移之前的方向（用红色虚线箭头代表）之间存在夹角，这个夹角正是球面存在弯曲的表现。

　　类似地，对于生活在这个球面上的生物而言，它们的视觉系统最多只能看到二维空间，无法看到第3个维度的空间，所以它们也无法直观地看出这个球面的弯曲形状。它们看到二维空间的直观样子如图34（a）所示。但它们也可以通过两个平行方向之间的这个夹角来确认它们所处的二维空间确实发生弯曲了。

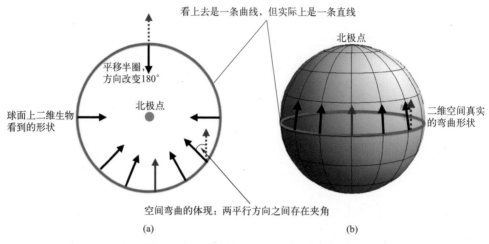

图34 如何表明一个球面是存在弯曲的

生活在三维空间中的人类就是采用这种方式来判断我们所处的空间是否真的发生了弯曲。如图35所示，一个叫引力探测B（Gravity Probe B）的探测项目采用一个旋转陀螺的指向来表示这些平行方向，让这个陀螺在离地642km的轨道上绕地球旋转5500圈之后，该陀螺的指向偏转了6.6角秒。这个6.6角秒就是地球周围空间存在弯曲的直接证据（图35中对偏转方向进行了夸大）。而且它与爱因斯坦的理论计算结果高度一致。

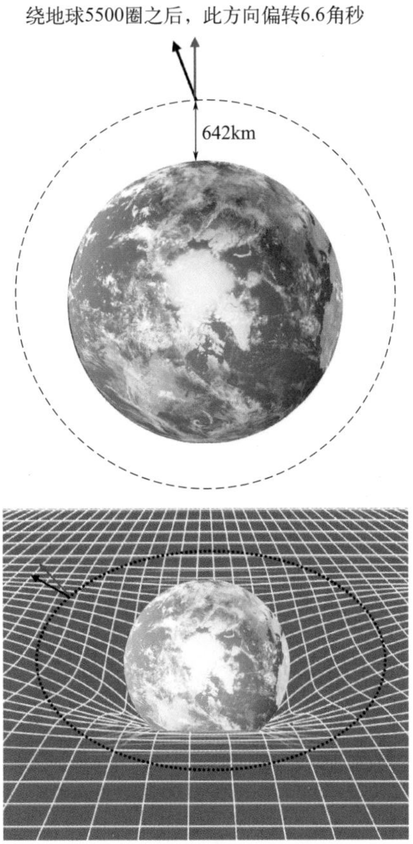

绕地球5500圈之后，此方向偏转6.6角秒

642km

图35 引力探测B项目直接证实了地球周围空间的弯曲

2.4

地球周围空间的弯曲程度

围绕地球平行移动5500圈累积到的弯曲量才6.6角秒。另外，前面谈到的光线方向偏转角度也只有0.00028角秒。这些都表明空间的弯曲程度极其微小。这是因为在地球周围空间中，看上去的长度L和真实长度l之间的差别是极其微小的。在1m的高度差范围内，真实长度l只变长了大约一亿亿分之一。比如一支钢笔的真实长度随高度变化的改变值如图36所示。

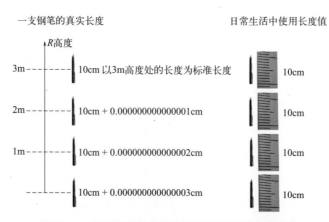

图36　一支钢笔的真实长度在不同高度的变化情况

　　空间如此微小的弯曲程度是不可能让苹果掉下来的，也不可能让卫星围绕地球旋转。但之前的一些科普资料常常采用图29所示的空间弯曲来解释苹果掉下来的原因，这是不准确的，后面会对此进行详细澄清。

第 **3** 章

我们如何记录时间

——难以觉察的时间性质差别

当身处杭州的我说出："现在是北京时间3:00"时，这个3:00
和我手表的3:00代表同一个时刻吗？

当一个人真正理解了相对论的那一刻，他心灵受到的冲击肯定是：很多之前深信不疑、习以为常、自认为非常了解的知识观念其实只是一种假象，并没有看上去那么简单。我们在日常生活中对时间的记录使用方式就是这样的典型例子。如果没有第1章1.1中的案例作为对比，本章的解释说明其实很难让大家从这种假象中恍悟过来。为此我们先来看看樱满集星人是如何记录使用时间的。

　　樱满集星人采用两种方式来记录时间。

　　一种方式是采用人为标记时间，也就是采用图9中下面一排钟表来记录。这个时间值在全星球各地是统一的，也是绝对的。比如当某个城市的一个樱满集星人说出"现在是人为标记时间3:00"这句话时，那么其他所有城市的人为标记时间在这一时刻都是3:00。

　　另外一种方式是采用每个地方各自钟的真实时间来记录，也就是采用图9中上面一排钟表来记录。这个时间值在全星球各地不是统一的，所以不是绝对的，而是相对的。比如当某个城市的一个樱满集星人说出"我手表的时间是3:00"这句话时，其他城市（海拔高度不同）的樱满集星人的手表指针在这一时刻却指向完全不同的时间，而不是指向3:00。

　　爱因斯坦的绝世才华让大家终于意识到，作为地球人的我们也是采用这两种方式记录时间的。并且，在中国，第一种记录方式中的人为标记时间还有一个大家无比熟悉的名字——北京时间。只是这两种记录方式之间的差别太微小了，以至于日常生活中根本感觉不到这个差别。

　　而且，我们常常将这两种时间记录方式混淆在一起使用。具体来说，我们明明是在使用第一种方式记录时间，却自以为是在使用第二种方式记录时间。比如第1章1.1中谈到的张三和李四开视频会议的例子。下面就来对这种混淆进行详细说明。

引力场不存在的情况——日常生活习惯的
时间记录方式

　　接下来先夸大两种记录时间方式之间的差别，来看看在这种混淆之下，我们地球人是如何记录时间的。然后，再来说明在地球上，这两者之间差别到底是有多么微小，以至于我们产生了这样的混淆。

不过，下面例子只考虑了在同一个地点、不同海拔高度的时间是如何被记录的，相关结论推广到多个地点的情形也是成立的。

如图37（a）所示，在同一个地点的不同海拔高度都放一块钟表，再采用一根R轴来表示该地点的不同海拔高度，这根R轴就代表一维的空间。

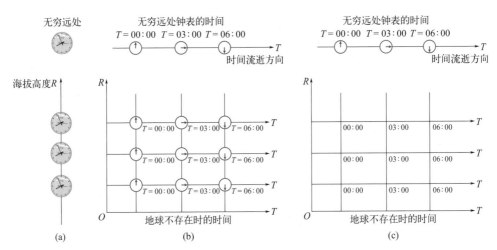

图37 将不同高度位置处时间的流逝过程记录下来所得到的图形

当地球不存在时，也就是没有引力场的情况下，每个位置钟表走的快慢都是一样的。即在同一个时刻，每个位置钟表的指针都会指向同一个时间，如图37（b）所示。比如当某个位置的钟表显示3:00时，其他位置的钟表在同一个时刻也都指向3:00。这样一来，在同一个时刻，只需要知道某一个位置钟表显示的时间，我们就可以说出其他所有位置钟表在此刻的时间。比如在某一个时刻，无穷远处钟表的时间是3:00，那么我们就可以非常肯定地说，其他位置钟表在此刻显示的时间也正好是3:00。

所以，如果采用一根横轴T来代表无穷远处（也可以是其他某个位置，比如北京）一块钟表指针旋转的过程（也就是代表时间流逝的过程），那么每个位置钟表指针旋转的过程都可以采用这根横轴T来表示，如图37所示。这样一来，这个横轴T和纵轴R就组成二维面。它就是由时间和空间相互混合在一起组成的新对象，下文将它称为二维RT时空面，如图38所示。

在日常生活中，我们正是采用这种方式来记录时间的。比如当北京的钟表显示3:00这个时间，我们也认为全国各地的钟表在此刻也正好都显示3:00（马上就会谈到，由于地球的存在，这会变成一个错误的认识）。这样一来，只需要北京钟表的这个3:00就能代表全国各地在此刻的时间。3:00这个时间就被我们称为北

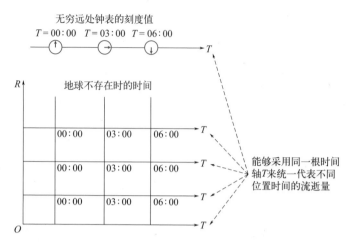

图38　代表空间的R轴和代表时间的T轴所组成的二维时空面

京时间。然后，身处杭州的我还认为我手表显示的3:00就代表北京时间3:00（马上就会谈到，这也是一个错误的认识）。另外，当我看到我的手表显示3:00时，我还认为其他所有城市的钟表在此刻也都正好显示3:00这个时间（马上就会谈到，这也是一个错误的认识）。

关于时间的这些观念和记录使用方式，我们已经再熟悉不过了，几乎无时无刻不在这样使用，而且这些观念早就有一个专门的科学名字，那就是牛顿的绝对时间观。

所以，日常生活记录时间的方式与图37的方式是相同的。唯一的区别就是图37采用无穷远处的钟表来记录时间，而日常生活采用北京的钟表来记录时间。但这个区别并不会给这种记录方式带来本质的不同。

3.2

引力场带来的本质改变

由于时间的广义相对性，当地球存在之后，情况就会发生本质的不同。

具体来说，地球会让周围时间流逝变慢。越靠近地球，时间流逝得越慢。那么，在同一个时刻，不同高度位置处钟表的指针无法再指向同一个时间，如图39所示。

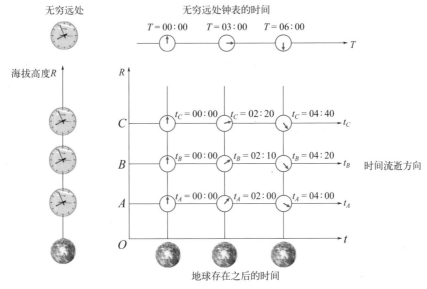

图39 在同一个时刻，地球导致不同高度处钟表指向不同时间

比如说，当无穷远处的钟表走到 T=3:00时，地球附近 A 处的钟表实际才走到 t_A=2:00（这里严重夸大了钟表变慢的程度，实际变慢程度极其微小，可参考后文3.5节）。当无穷远处的钟表走到 T=6:00时，地球附近 A 处钟表才走到 t_A=4:00。所以，代表无穷远处的钟表旋转过程（即时间流逝过程）的时间轴 T 与代表地球附近 A 处钟表旋转过程的时间轴 t_A 不再一样。即在不同海拔高度，代表时间流逝的时间轴是各不相同的。这就是地球带来的本质改变。

如何沿用日常生活习惯的记录方式——人为标记时间

那么，在不同海拔高度，如何还能采用同一个时间轴呢？也就是说，在不同海拔高度，如何还能像我们已经习惯了的那样，只采用一个统一的时间值来表示时间呢？办法就是采用第1章1.1中谈到过的人为标记时间来记录[1]，而不是采用

---

❶ 对于星球周围的时间，可以采用此办法，但是在一般引力场对时间造成的影响中，此办法不一定还有效。

每个位置钟表实际的真实时间来记录，如图40（a）所示。

比如，当无穷远处的钟表走到$T=3:00$时，地球附近A处的钟表实际才走到$t_A=2:00$。但我们可以人为地把A处的时间值仍然记为$T=3:00$，即人为地记为3点钟。那么，通过这种人为标记时间值的方式，我们仍然可以采用时间轴T来描述地球附近A处时间的流逝过程，如图40（b）所示。

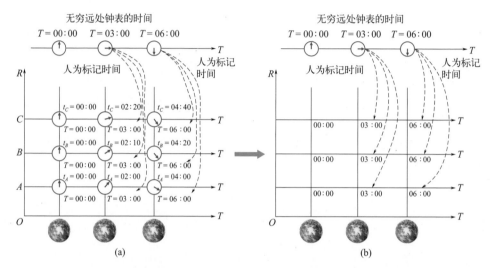

图40　人为标记的时间，也是采用日常生活中常用方式所记录的时间

这样一来，我们又可以继续使用日常生活习惯的那种方式来记录时间了。唯一不同之处在于，日常生活中采用位于北京的钟表的时间去人为标记全国每个地方的时间值，而图40是采用无穷远处钟表的时间去人为标记每个海拔高度处的时间值。但这个不同并不会带来本质区别。

比如，当身处杭州的我说出"现在是北京时间3:00"的时候，我是采用图40所示的人为标记时间的方式在使用时间。而且我还误认为这个北京时间3:00（即$T=3:00$）就是指我手表指向3:00（即$t_{杭州}=3:00$）这个时间，但实际情况是这两者（即$T=3:00$和$t_{杭州}=3:00$）并不代表同一个时刻。

再比如，当上海的张三和成都的王五约定3:00开会，这个3:00也是指北京时间3:00（即$T=3:00$）。这也是在采用图40所示的方式使用时间。同样，张三和王五也都误以为这个北京时间3:00（即$T=3:00$）就是指他们各自手表走到3:00（即$t_{上海}=3:00$和$t_{成都}=3:00$）这个时刻。这导致他们进一步认为张三手表走到3:00（即$t_{上海}=3:00$）与王五手表走到3:00（即$t_{成都}=3:00$）的时刻代表同一个时刻，但实际情况是这两者（即$t_{上海}=3:00$和$t_{成都}=3:00$）不代表同一个时刻，如图41所示。

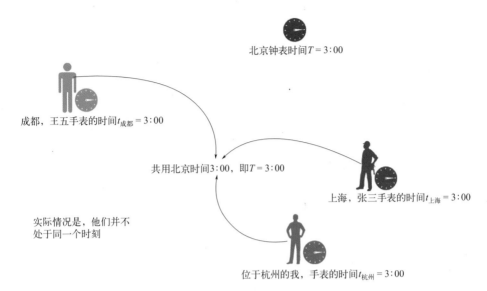

图41 我们在日常生活中使用时间的过程

　　人为标记时间值——记录时间的这种方式当然是从牛顿的绝对时间观念那里继承下来的。也就是说，图40所示的时间记录方式是从图37继承下来的。这是因为我们早就已经习惯了牛顿的绝对时间观念——一种我们在日常生活中时时刻刻都在使用的时间观念。比如北京时间3:00就是一个绝对时间。不过由于地球的存在，北京时间3:00，这个绝对时间只是一个人为标记的时间值（即T=3:00），不再代表各城市钟表的真实时间（即t=3:00）。

3.4

时间的两种记录方式

　　综上所述，地球的存在使时间的记录方式分成了两种。

　　一种方式是我们日常生活习惯了的记录方式，这种方式仍然采用绝对时间观念的习惯。不过这个绝对时间不再代表钟表实际的真实时间，而只是一种人为标记的时间了。这种记录方式在下文简称为日常生活习惯的时间，如图42（b）所示。下一章还会谈到，人为标记时间有更加通俗易懂的理解方式。

　　另外一种方式是采用各地钟表真实时间来记录。这种记录方式在下文简称为真实的时间，如图42（a）所示。

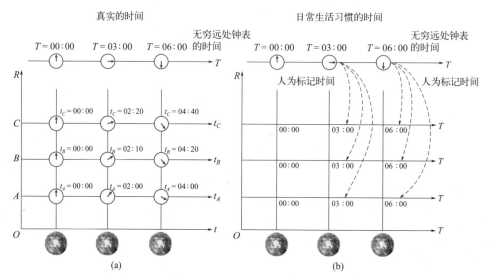

图42 图（a）是真实的时间，图（b）是采用日常生活习惯方式记录的时间

两种记录方式之间的差别

图42所示的两种方式虽然存在本质区别，但在地球周围，这两者在数量上的差别却是极其微小的。图40和图42严重夸大了它们在数量上的差别，实际情况是，人为标记时间 T 与钟表真实时间 t 之间差值最大（无穷远处与地表之间）大约只有一百亿分之一。如果采用北京钟表的时间作为人为标记时间 T，那么这两者在数量上的差别更小，只有一百万亿分之一的量级。

比如当身处杭州的我说出"现在是北京时间3:00"的时候，我会误认为我的手表在此刻显示的时间也是3:00，如图43（b）所示。但我的手表在此刻的实际时间却是2:59:59.999999999976，如图43（a）所示。两者在数量上只相差了0.000000000024s（为了更加直观，图43中钟表指针指向的差异做了放大处理）。

既然两者在数量上的差别如此微小，那么在日常生活中根本就不需要区别这两种方式。当然，我们实际上也是这么做的，而且把它们混淆在一起了。具体来

1m的高度差范围内，时间流逝变慢的程度大约只有一亿亿分之一的差别

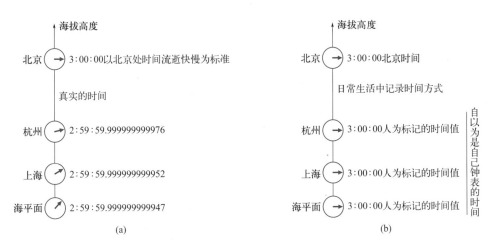

图43 在地球周围，时间流逝的变慢程度极其微小

说，我们实际上是按照日常生活习惯的时间［图42（b）］来记录、使用时间的。比如当上海的张三和成都的王五约定3:00开视频会议，他们就在这样使用时间。但我们又自以为是在按照真实的时间［图42（a）］来记录、使用时间，即把人为标记时间当成了自己钟表的真实时间。比如张三和王五看见各自手表指向3:00时就进入会议，然后他们都误以为自己准时参加了会议。

如果没有广义相对论的发现，我们也许终其一生都不会察觉到这一微小的差别。但对于第1章谈到的樱满集星人或者生活在黑洞附近的生物，他们从出生开始就能无比清晰地区别出这两种记录方式的不同了。而且他们绝对不会像地球人那样，明明是在按照日常生活习惯的时间［图42（b）］来记录、使用时间，却自以为是在按照真实的时间［图42（a）］来记录、使用时间。

但是，如果认为"这两种记录方式的差别既然如此微小，我们地球人就没有必要吹毛求疵去严格区分它们了"，那就大错特错了。正是这两者之间的这一极其微小的差别，从本质上导致了生活中一些司空见惯现象的出现，比如苹果会从树上掉下来，卫星会围绕地球旋转。这是由于这一极其微小的差别会导致时间弯曲，即便只是极其微小的一点点弯曲而已。

第**4**章
时间的弯曲
——表现为时间流逝变慢

地球会让时间流逝变慢，造成一段时间间隔的长度变长，从而让这段时间被"挤压"，进而不得不朝另外一个维度发生弯曲。

在第2章谈到过，地球周围纯空间的弯曲表现为同一段空间的真实长度变长了。具体来说，当地球存在之后，同一段空间的真实长度会变长，从而会"挤压"这段空间，进而迫使这段空间不得不朝另外一个不可知感知的维度产生弯曲。

这种解释方式对时间的弯曲也是成立的，也就是说，时间流逝的变慢也会导致类似的现象。所以要想弄清楚时间流逝变慢所导致的时间弯曲，只需要弄清楚同一段时间的长度如何被地球改变就可以了。

不过，这个问题没有看上去那么简单，因为同一段时间的定义并没有像同一段空间的定义那样清晰和明显。所以接下来先对"同一段时间"的定义进行澄清，然后还要对"同一段时间的长度"的定义进行澄清。之后才能理解时间是如何弯曲的。

需要澄清的混乱——同一段时间的两种不同含义

在地球周围的纯空间中，同一段空间就是指两个固定的空间点A和B之间的空间。但对于我们自以为已经非常熟悉的时间，同一段时间的定义却没有如此明显。这是因为时间比空间多了一种独有的属性，那就是时间还具有同一个时刻的属性。由于这个独有的属性，同一段时间出现了两种定义方式：同一段时间流逝和同一段时间间隔。它们的定义分别如下。

① 如果两段时间的开始时刻处于同一个时刻，结束时刻也处于同一个时刻，那么这两段时间定义为同一段时间流逝。如图44中无引力场时的红色时间段与地球附近A处的黑色时间段就是**同一段时间流逝**。

② 如果两段时间开始于相同的事件（比如钟表指向同一个时间），也结束于相同的事件［比如钟表都指向另外一个相同时间（但不一定是在同一个时刻结束）］，或者说，两段时间开始时的时空点是相同的，结束时的时空点也是相同的，那么这两段时间定义为同一段时间间隔。如图44中无引力场时的绿色时间段与地球附近A处的黑色时间段就是**同一段时间间隔**。

当引力场不存在，钟表也没有运动的时候，同一段时间流逝和同一段时间间隔是完全相同的，我们不必区分二者。可是，当引力场存在之后，引力场会让同

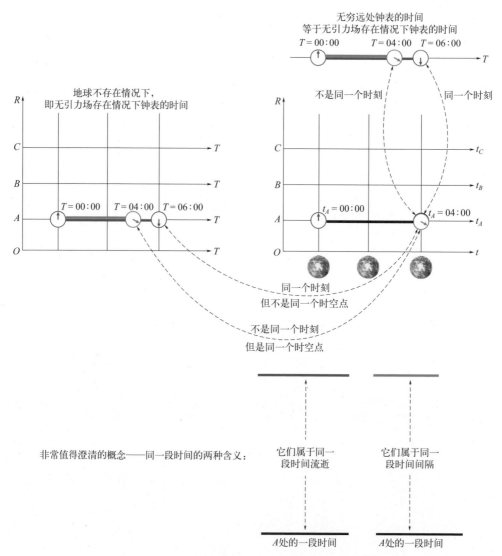

图44　时间流逝变慢将同一段时间分离出两种含义

一段时间间隔耗费更多的时间流逝量，即图44中的黑色线段比绿色线段长，也就是说同一段时间流逝和同一段时间间隔不再相等了。所以此时我们需要严格区分二者。

比如说，在开场中谈到过，库珀离开太空基地（视为无引力场的地方），前往黑洞附近待了3个小时，也就是说库珀自己体验到这段时间的感觉是过了3个小时。但对于留在太空基地的罗密利来说，库珀这一去就整整花了23年，也就是说罗密利体验到这段时间的感觉是过了23年。根据刚才对同一段时间的定义，黑洞附近的库珀体验到的这3个小时和太空基地的罗密利体验到的这23年就属于同一段时间流逝，但不属于同一段时间间隔，如图45所示。

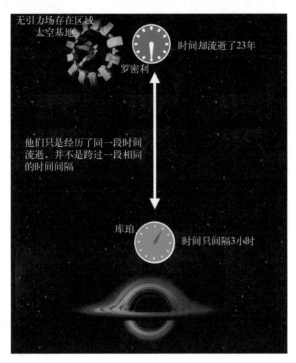

图45 罗密利和库珀只是度过了同一段时间流逝，但他们各自跨过的时间间隔却不同

　　虽然罗密利体验到库珀这一去就是23年，但对身处黑洞附近的库珀来说，他自己只体验到时间过了3个小时的感觉。而且他对这3个小时的体验感与他在没有引力场的地方（比如在太空基地）体验到时间过了3个小时的感觉是毫无区别的。也就是说，库珀自己体验不出这段时间流逝变慢了（以太空基地和黑洞附近钟表指针转动的相对快慢来衡量），他体验不出黑洞附近的这3个小时与太空基地的3个小时有什么不同，如图46所示。

　　根据刚才对同一段时间的定义，库珀在黑洞附近体验到的这3个小时与没有引力场地方的3个小时属于同一段时间间隔，尽管相对于太空基地的罗密利而言，黑洞附近的这3个小时的时间间隔需要耗费更多的时间流逝量才能跨越。

　　库珀和罗密利的例子与图44的情况是类似的。库珀在黑洞附近经历3个小时类似于图44中地球附近A处钟表走过4小时的时间。罗密利在太空基地经历23年类似于图44中无穷远处钟表走过6小时的时间。

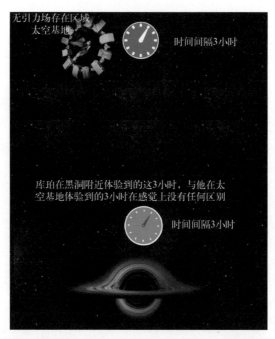

图46　库珀体验不出这3小时变慢，因为这3小时与无引力场处的3小时属于同一段时间间隔

　　总之，我们必须严格区分时间流逝和时间间隔这两个概念。时间流逝是从时间的流动性角度去刻画时间的性质，而时间间隔是从时间的秩序性角度去刻画时间的性质。它们是时间的两种完全不同的性质，如图47所示。时间的秩序性是绝对的，而时间的流动性是相对的。

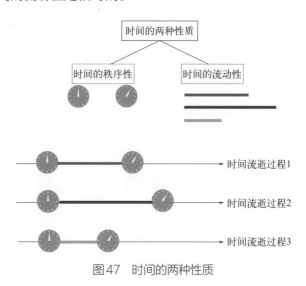

图47　时间的两种性质

时间流逝1小时与时间间隔1小时并不代表同一个意思。由于在我们日常生活中，这二者之间只有极其微小的差别（如果以北京时间为标准，二者大约只有一百万亿分之一的差别），因而我们误认为它们是一样的，是同一种性质，或者说我们根本没有意识到它们之间还有本质区别。

这就导致我们在认识上处于一种混乱的状态：每当我们在日常生活中说出"这是同一段时间"这句话的时候，我们实际所指的意思是混乱的。有时候它是指"同一段时间流逝"的意思，但有时候它又是指"同一段时间间隔"的意思。正是这种混乱导致大家很难真正理解相对论中的时间概念，比如产生了"双生子佯谬"，即没有意识到双生子经历的同一段时间只是同一段时间流逝，而非同一段时间间隔。

所以，"同一段时间"是一个非常值得澄清的概念，我们需要先消除这种混乱的认识，然后才能理解时间的弯曲。

4.2

同一段时间的两种长度

搞清楚同一段时间的定义之后，接下来还需要知道如何度量同一段时间的长度。下面还是借用电影《星际穿越》的例子予以说明。

由于库珀在黑洞附近体验到的这3个小时与他在没有引力场的地方体验到时间过了3个小时的感觉是毫无区别的，所以，这3个小时就称为这段时间间隔的**体验长度**。

但是，在太空基地的罗密利看来，库珀在黑洞附近整整待了23年。也就是说，以太空基地处的时间流逝快慢为度量标准，这段时间间隔的长度为23年。所以，这个23年就称为这段时间间隔的**标准长度**，即它是按照时间在无引力场处的流逝为标准而度量出的时间长度。

为了更直观地看出这两种时间长度的定义，考察图48中地球附近A处黑色线段所代表的这段时间间隔的两种长度。地球附近A处观测者会体验到这段时间过了4小时，所以这4小时就称为地球附近A处这段时间间隔的体验长度。体验长度的具体数值等于这段时间间隔（而非时间流逝）在无引力场存在情况下的长度，即等于图48中绿色线段的长度。

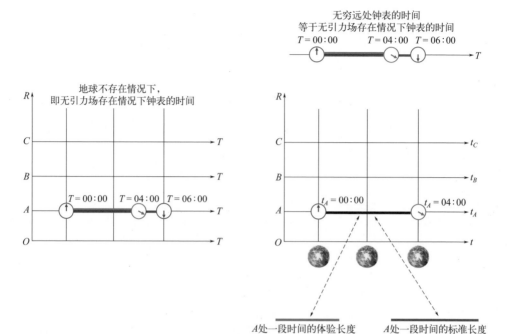

图48　同一段时间间隔的两种长度：体验长度和标准长度

但是，如果以无穷远处时间流逝快慢为标准，地球附近A处的这段时间间隔所耗费的时间流逝量不止4个小时，而是6个小时。所以，这6小时就称为地球附近A处这段时间间隔的标准长度。标准长度的具体数值等于这段时间流逝（而非时间间隔）在无引力场存在情况下的长度，即等于图48中红色线段的长度。

体验长度是从时间秩序性的角度，也就是从历史跨度的角度去度量这段时间间隔的长度。比如说，一个人从出生到死亡就是一个历史跨度，也就是人的一生。因此，体验长度也可以称为**历史跨度**。

而标准长度是从时间流动性的角度，也就是从时间流逝的角度去度量这段时间间隔的长度。假如人一生在地球上的跨度是60年，但如果时间流逝变慢了（比如到了引力场更强的星球上），那么就需要耗费更多的时间流逝量才能跨越这一生，比如耗费相当于地球上的70年去跨越这一生。因此，标准长度也可以称为**时间流逝量**。

总之，在不同引力条件下，一段时间间隔的历史跨度，即体验长度是绝对的，是不变的。但这段时间间隔所消耗的时间流逝量是相对的，因为时间流逝快慢是相对的。这三者之间的确切关系为：历史跨度＝时间流逝快慢×时间流逝量（图49）。比如说，如果以无引力场处的时间流逝快慢为标准，那么地球附近A

处的时间流逝就变慢了，从而在A处一段4小时的时间间隔（比如A处的手表从0:00走到4:00）需要耗费6小时（无引力场中，手表需要从0:00走到6:00）才能跨越这段时间的历史跨度。

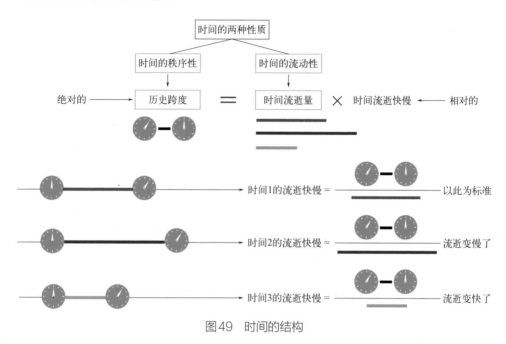

图49　时间的结构

利用标准长度可以比较不同区域内两段时间流逝的长度（两段时间间隔所耗费的时间流逝量）是否相等，而体验长度做不到这一点。体验长度可以比较不同区域内两段时间间隔是否相同，而标准长度做不到这一点。而对于时间是否存在弯曲的问题，主要是看标准长度是否被地球改变了。

时间的弯曲——同一段时间间隔的标准长度变长所产生的"挤压"

现在，搞清楚了"同一段时间"和"同一段时间的长度"的定义之后，我们就可以回到关于时间弯曲的问题上来。当地球存在之后，同一段时间间隔的标准长度会变长（体验长度却保持不变），从而导致时间轴不得不朝另外一个不可感知的维度发生弯曲，从而“容纳”多出来的时间长度。

比如说，当地球不存在时，*A*处一段时间间隔只能容纳4个小时，如图50左半部分绿色线段所示。而地球存在之后，*A*处此段时间间隔的标准长度变为6个小时（而体验长度仍然为4小时），即此段时间间隔需要容纳6个小时。这就迫使此段时间间隔不得不朝另外一个维度弯曲，从而容纳下多出来的2个小时，如图50右半部分所示。这就是时间弯曲的大致形状。

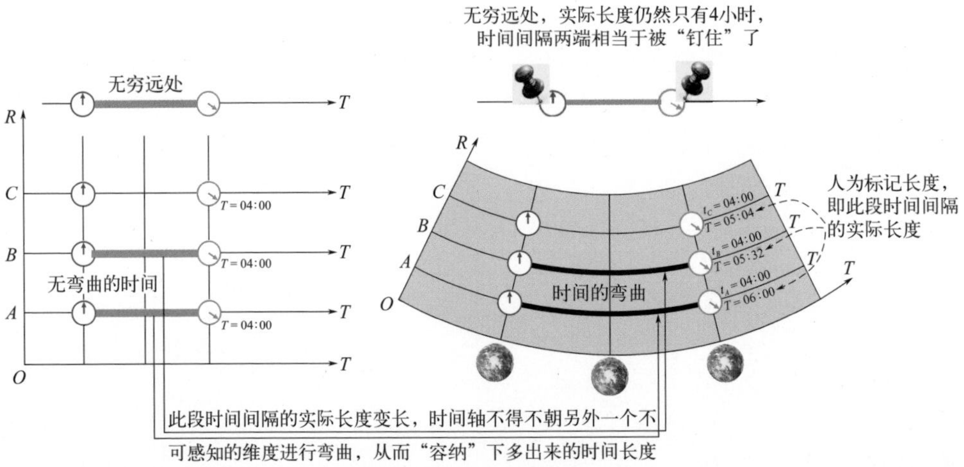

图50 时间的弯曲形状

当然，这个解释方式也会遭到这样的反驳：*A*处的时间轴能不能通过膨胀拉伸来容纳多出来的2个小时，而不是通过朝另外一个维度发生弯曲呢？和第2章空间弯曲的情形类似，时间轴的这种膨胀拉伸在地球周围也无法出现，原因如下。

在离地球越远的地方，地球产生的引力就越小，同一段时间间隔的标准长度多出来的部分就越少。比如在*B*处，此段时间间隔的标准长度就只多出了1小时32分钟，如图50右半部分所示。当远到无穷远之处，此段时间间隔的标准长度就没有多出来的了，仍然为4小时，即此段时间间隔的标准长度保存不变。这种保存不变让无穷远处的此段时间间隔的两端像被钉子“钉住”了，从而无法膨胀拉伸，进而导致靠近地球的此段时间间隔也无法膨胀拉伸。因此，在地球附近*A*处，无法通过膨胀拉伸此段时间间隔的方式来容纳多出的2个小时，只能采用朝另外一个不可感知的维度弯曲来容纳多出的2个小时。

需要强调的是，与纯空间的弯曲类似，时间的弯曲也是朝我们不可感知的另外一个维度发生弯曲。所以图50右半部分所示的这个时间弯曲形状也是我们无法直观感知到的。那么，我们直观感知到的时间又是什么形状呢？

时间"看上去"的形状

第3章谈到过，日常生活习惯的时间图采用无穷远处（或北京处）钟表的时间T去人为标记其他位置的时间来记录时间，比如图42（b）。利用图44谈到的同一段时间流逝的定义，我们可以更清楚地看出日常生活中记录时间方式的真正用意，因为采用人为标记时间T实际上就是采用同一段时间流逝（而非同一段时间间隔）的标准长度去绘制时间的流逝过程，如图51所示。

也就是说，我们是按照无穷远处（或北京处）时间流逝的快慢作为统一标准，去把其他地方时间的流逝过程绘制出来了。这样一来，每个地方的时间流逝量就是统一和相同的。不过每个地方在这段时间流逝量的流逝过程中，所跨越的时间间隔却是不同的，如图51中绿色线段和蓝色线段所示。

采用这样方式绘制出来的结果就是，人为标记时间T的数值就直接反映了当地时间的实际流逝量。比如说，图51中如果A处的人为标记时间T的数值为6:00，那么它就代表A处时间实际已经流逝了6个小时。而A处的真实时间t_A=4:00却不能反映时间的这个实际流逝量，它只能反映A处的时间跨度（即时间间隔）是4小时。或者说，它只能反映A处观测者体验到的时间流逝量。

总之，人为标记时间——这种记录时间的方式就是采用统一而又绝对的"眼光"去看待其他所有地方时间的流逝过程❶，比如采用身处北京的观测者看待时间的"眼光"去看待其他城市时间的流逝过程。用更加通俗易懂的话来说，日常生活习惯的时间图［比如图42（b）或图51右上部分］相当于采用地球不存在时看待时间的"眼光"去看待地球存在之后的时间流逝过程。

所以，日常生活习惯的时间图也可以称为时间"看上去"的形状。它就是站在无穷远处（或北京处）的观测者直观感知到的时间形状。

---

❶ 不过，在一般引力场中，我们不一定能做到这一点。如果做不到，物理学家就称此为坐标时间不可同步。

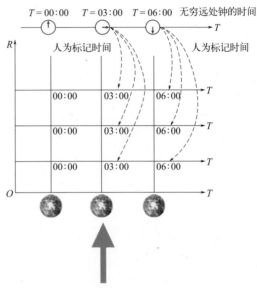

时间"看上去"的形状
它就是日常生活习惯的时间图

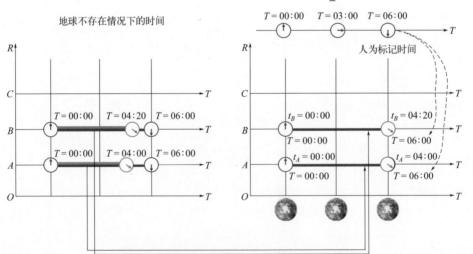

红色线段都属于同一段时间流逝，也就是按照统一的时间
流逝快慢来记录时间。不过，它们不属于同一段时间间隔

图51 时间"看上去"的形状

时间弯曲的表现方式

时间"看上去"的形状,即日常生活习惯的时间图(图51右上部分)看上去似乎并没有发生弯曲。这是容易理解的,因为它就是采用引力场不存在时看待时间的"眼光"所绘制出来的形状。而当引力场不存在时,时间当然是没有弯曲的。

但是,当地球存在之后,时间的确已经发生弯曲了,如图50右半部分所示。那么,这个弯曲在日常生活习惯的时间图中会以什么方式表现出来呢?或者说,图50右半部分所示的弯曲在图51右上部分中会以什么方式表现出来呢?和第2章谈到过的纯空间弯曲的表现方式类似,时间存在弯曲的一种表现方式就是:时空图中的一条直线"看上去"却是弯曲的,如图52所示。

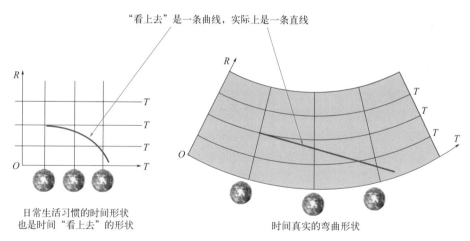

图52 时间存在弯曲的表现方式

如果这根直线代表一颗苹果在时空面中留下的历史痕迹线,那么时间弯曲的这种表现方式,在日常生活中所展现出来的现象就再熟悉不过了,那就是一颗苹果从树上掉下来。所以,当看见所有扔出去的物体都会掉下来的时候,我们可以默默告诉自己这样一个事实了:这些现象都是时间存在弯曲的一种表现。下一章还会对此进行详细说明。

二维时空面的弯曲

需要注意的是，图50右半部分只考虑了时间的弯曲，并没有包含空间的弯曲。如果把空间的弯曲也包含进来，我们就得到了二维RT时空面弯曲的大致形状（注意这只是大致形状，不是严格形状），如图53所示。这样的弯曲图才同时包含了时间的弯曲和空间的弯曲，才能称为时空的弯曲。而一部分科普资料提及时空弯曲的时候，只包含了空间的弯曲（比如图29所示的弯曲），并没有包含时间的弯曲。

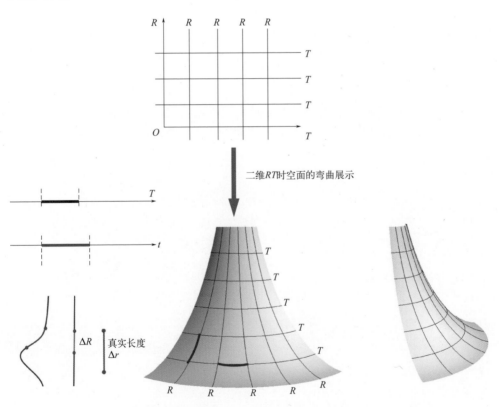

图53　二维时空面的弯曲形状——同时包含时间的弯曲和空间的弯曲

地球周围时间的弯曲程度

同样，在地球周围，时间的弯曲程度也是极其微小的。这是因为时间流逝变慢的程度是极其微小的，如图43所示。在1m的高度差范围内，时间流逝变慢的程度大约只有一亿亿分之一的差别。如此微小的差别所导致的时间的弯曲程度当然也是极其微小的，如图54所示。

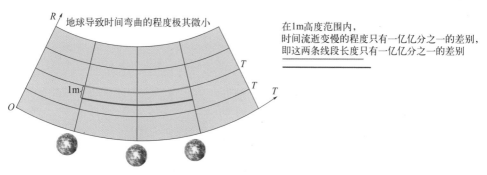

图54 在地球周围，时间的弯曲程度极其微小

但是，时间如此微小的弯曲程度却能够以肉眼可见的、非常明显的效应表现出来，那就是苹果从树上掉下来的现象。这是因为时间弯曲所产生的效应，在表现出来的过程中会被放大光速❶数值的平方倍。后面第6章将对此进行详细说明。

与地球附近微弱的时空弯曲形成鲜明对比的是，黑洞附近难以想象的、极端的时空弯曲。所以下一章先来看看黑洞附近的时空弯曲。

---

❶ 如不特别说明，光速取为 $3 \times 10^8 \mathrm{m/s}$。

第 5 章

黑洞

——时空弯曲的极端案例

黑洞具有如此大的魅力在于它向我们展示了"终极问题"的第一个提示。这个终极问题就是：时间、空间的本质是什么？物质的本质是什么？

越靠近星球，时间流逝得越慢。对于一般星球而言，最靠近星球的地方就是星球的表面。所以在星球的表面，时间的流逝达到最慢。

那么，在不同星球的表面，谁的时间又流逝得更慢呢？答案就是：在星球大小相等的条件下，谁的质量密度越大，谁表面的时间流逝得越慢。

中子星附近时空的弯曲程度

质量较大的恒星在生命最后阶段会发生超新星爆炸。爆炸之后会留下一颗质量密度极高的星体——中子星。中子星的密度大到超乎你的想象。比如，想象一下，把整个地球压缩成一颗乒乓球大小之后，它的密度有多么的巨大，而这个密度大小就是中子星的密度大小。它已经把物质之间的所有空隙，特别是电子与原子核之间的空隙都全部"挤掉"了。

在密度如此巨大的星球表面，时间流逝将更加缓慢。特别是当中子星的质量大约等于3个太阳质量的情况下，中子星表面的时间流逝已经趋于无穷慢，或者说时间的流逝停止了，如图55所示。

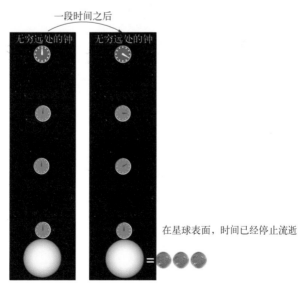

图55　在质量相当于3个太阳的中子星表面，时间流逝已经趋于无穷慢

黑洞的边界

当然，如果中子星的质量超过3个太阳，那么还没有到达中子星表面，而是在距离中子星很远的地方，时间流逝就已经趋于无穷慢了，如图56所示。

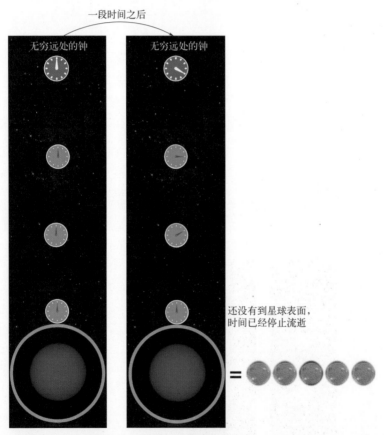

图56　当质量超过3个太阳时，在距离中子星很远的地方，时间流逝就已经趋于无穷慢

那么，时间停止流逝的这些地方就形成了一种边界，这个边界之内的任何物体都无法逃出该边界。就这样，该中子星成为一个黑洞，这个边界就称为黑洞的边界，如图57所示。

图57　时间停止流逝的地方就是黑洞的边界

根据图57中黑洞边界的这个公式可以看到，一般黑洞的边界是非常小的。比如一颗3个太阳质量那么大的黑洞的边界看上去的半径只有10km。所以在星辰大海中，一般的黑洞都是非常小的天体。而在浩瀚的宇宙中，搜寻到如此之小的天体的困难程度可想而知。这就是2019年我们搜寻到的第一颗黑洞一定是一颗超大质量黑洞的原因之一。

在黑洞的边界上，除了时间流逝趋于无穷慢之外，空间长度还会趋于无限长。也就是说，将任何一个物体搬到黑洞边界处时，该物体的真实长度都会趋于无限长，如图58所示。

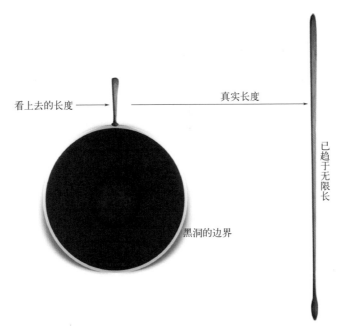

图58　在黑洞边界处，空间的真实长度变为无限长

所以，图56和图58就是时空在黑洞边界处的真实模样。而时间和空间的这种极端改变就会使得时空的弯曲也到达极端。当然，这种极端也会让很多物理现象，比如光的传播过程，表现出极端情况。

时间流逝趋于无穷慢的地方

时间流逝变慢，这个结论通过物体表现出来的现象就是，所有物体的运动过程都会变慢。那么，在黑洞边界附近，时间流逝趋于无穷慢，从而所有物体的运动过程都会趋于无穷慢。这当然也包括光的运动过程，也就是说，在黑洞边界附近，连一束光的传播都会变得无穷慢，如图59所示。

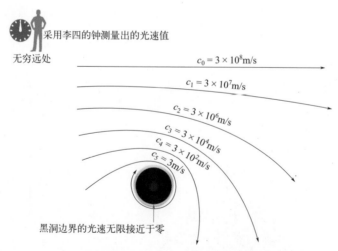

采用李四的钟测量出的光速值

无穷远处

$c_0 = 3 \times 10^8 \text{m/s}$

$c_1 = 3 \times 10^7 \text{m/s}$

$c_2 = 3 \times 10^6 \text{m/s}$

$c_3 = 3 \times 10^4 \text{m/s}$

$c_4 = 3 \times 10^2 \text{m/s}$

$c_5 = 3 \text{m/s}$

黑洞边界的光速无限接近于零

图59　在无穷远处的观测者看来，黑洞边界附近的光速将趋于零

不过，需要注意的是，这里谈到的速度是采用第1章介绍过的速度B的定义。也就是说，这里的速度是采用无穷远处观测者的钟测量出的速度值。当然，在黑洞边界上如果可以存在测量设备，那么位于边界上观测者测量出的光速大小仍然为$3 \times 10^8 \text{m/s}$，如图60所示。

所以，对于黑洞外的李四来说，任何物体掉到黑洞边界之后，它的运动速度都将趋于无穷慢，从而无法再运动回来。即使向黑洞射出一束光，当光到达

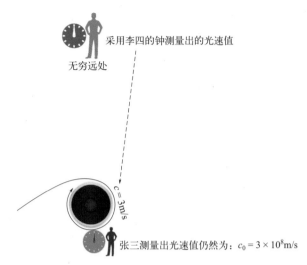

采用李四的钟测量出的光速值

无穷远处

$c = 3\text{m/s}$

张三测量出光速值仍然为：$c_0 = 3 \times 10^8 \text{m/s}$

图60 黑洞边界处观测者会发现光速并没有变慢

黑洞边界后也会趋于无穷慢。所以，如果在黑洞边界有一面镜子，那么这束光已经无法再反射回来了。也就是说，在李四看来，没有任何物体可以逃离黑洞边界了。

5.4

我们能掉进黑洞吗

对于黑洞外的李四来说，一个物体掉向黑洞的过程是这样的：物体刚开始的下落速度会越来越快；可是当该物体要靠近黑洞边界时，由于时间变慢开始变得显著，物体的下落速度就会越来越慢，最终停留在黑洞的边界。

比如说，有一个人赵五在自由下落掉向黑洞，那么在李四看来，赵五在经历加速下落之后慢慢靠近黑洞边界，最终停留在黑洞边界处，如图61所示。对于站在黑洞边界处的张三来说，他会看到赵五自由下落的速度越来越快，到达边界附近时已经接近光速。但张三仍然会看到赵五始终无法穿越黑洞边界。这是因为对于张三来说，穿越边界的距离的真实长度已经趋于无限长。

那么，赵五真的会被黑洞边界"阻挡"而无法穿越吗？答案是否定的，赵五他自己并没有感觉到此边界的存在，而是发现自己不断地掉落，直到掉进黑洞里面。

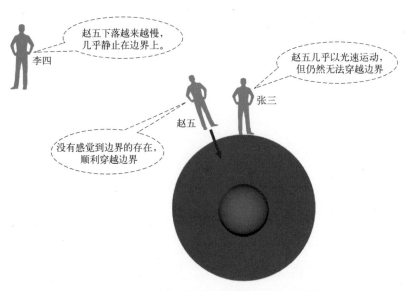

图61 运动的相对性在黑洞边界处也达到极端

这个现象完全违背了我们的日常经验。因为在日常经验中，如果对于同一个事情，不同观测者得出截然相反的结论，这是完全无法接受的。但是，在广义相对论中，时间和空间都是相对的。在时间和空间基础上衍生出的其他事情也都是相对的，不同观测者会得出不同的结论。而黑洞的边界为这种相对性展现了一个极端案例，即不同观测者得出的结论截然相反。

当然，这种极端情况的确暴露了现代物理学的危机。比如量子力学与广义相对论的矛盾就在这种极端情况中充分暴露出来了。这些矛盾引起当今顶级物理学家之间的争论，比如由霍金参与的"黑洞信息丢失悖论"，以及后来的"火墙悖论"等的激烈争论。

黑洞的内部——时间与空间对换

不过，对于李四来说，更不可思议的结论出现在黑洞内部。那就是在黑洞内部，时间已经变成空间，空间变成了时间，如图62所示。也就是说，从黑洞边界到黑洞中心的这段距离不再表示空间长度，而是表示时间的流逝。后文16.2节会解释时间和空间为什么会产生这样的对换。

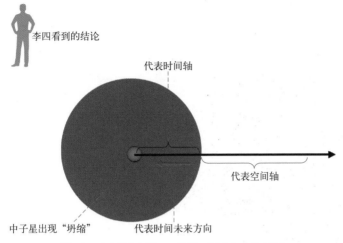

图62 在黑洞内部，时间和空间会产生对换

如果规定时间流逝的方向指向黑洞中心，那么这就意味着黑洞内部的时间存在一个尽头，即黑洞中心。同时也意味着掉进黑洞的任何物体都无可避免地会掉向中心，无论采用什么方法都不能再逃出黑洞的边界。甚至包括中子星本身也会不可避免地掉向黑洞中心，出现所谓的"坍缩"现象，最后形成一个所谓的"奇点"。这是因为时间无法倒流，而黑洞中心正是时间的尽头，那么所有物质都不可避免地来到时间的尽头——黑洞中心这个点。

5.6

探索时空本质的信使

黑洞其实是一个极其专业的术语。今天好像所有人都知道黑洞、了解黑洞，除了它可怕的特点之外，还有一个重要原因，那就是有一大批像霍金这样的顶尖的物理学家都在探讨黑洞。黑洞具有如此大的魅力在于它向我们展示了"终极问题"的第一个提示。这个终极问题就是：时间、空间的本质是什么？物质的本质是什么？

当今理论物理最大的一个问题就是无法同时使用广义相对论和量子力学。尽管这个问题已经历史悠久，但在黑洞被深入研究之前，大家对此问题的解决并不迫切，因为之前已知的自然现象中并没有必须同时使用广义相对论和量子力学的真实案例。而黑洞的出现彻底改变了这一局面，因为在黑洞边界处，相关计算不可避免地需要同时采用广义相对论和量子力学（图63）。

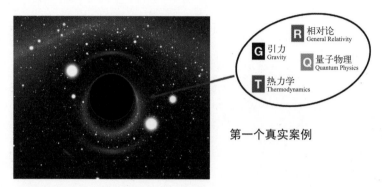

第一个真实案例

图63　第一个需要同时采用广义相对论和量子力学的真实案例

也就是说，现在已经有了一个真实的案例供我们研究了。或者反过来说，黑洞也许会向我们提供一些关键线索，让我们找到打开统一广义相对论和量子力学之门的钥匙。比如我们现在已经找到了两个重要公式（图64）。其中一个是黑洞辐射温度的公式，这个公式被刻在了霍金的墓碑上。另外一个是霍金生前希望刻在他墓碑上的公式，一个用来计算黑洞熵的公式。不过这个公式主要是贝肯斯坦首先提出的。

黑洞温度$T = \dfrac{\hbar c^3}{8\pi GMk}$　　　黑洞熵$S = \dfrac{\pi Akc^3}{2hG}$

图64　霍金墓碑上的黑洞温度公式，另外一个是黑洞熵的公式

换句话说，只要我们能解释这两个公式是如何产生的，那么我们就找到了那个"终极问题"的答案。未来的历史也许会证明这一点。

第 6 章

苹果为什么会掉下来

——时间弯曲的表现

苹果之所以掉下来，只不过是由于时间流逝快慢无比微小的差异在被放大9亿亿倍之后的一种表现而已。

不受外部干扰的物体是如何运动的

在纯空间中，如果没有受到其他干扰因素的影响，任何物体都会沿直线运动。大约在400年前，笛卡尔就已经告诉了我们这个结论。这个结论后来被称为惯性定律。

可是在重力场中，一个沿水平方向抛出的小球不再沿直线运动，而是以抛物线的方式在纯空间中划出一条轨迹。这是因为在这种情况下，小球受到了重力的干扰，从而无法再沿直线运动。爱因斯坦充满天才的想法却是：我们不应该将重力场视为外部干扰因素。这样做的理由其实很容易理解，解释如下。

前面几章已经展示过，在重力场存在的情况下，地球周围空间的真实长度会变长，时间流逝会变慢。而真实长度变长和时间流逝变慢所伴随的效果就是时空发生弯曲。那么，在考虑了时空的弯曲之后，就不需要再重复考虑重力场产生的引力效果了。这样一来，在整个弯曲的时空中，这个小球就可以视为没有受到任何外部的干扰。

既然小球不再受到任何外部干扰，那么小球在弯曲时空中又将总是沿直线运动了。不过，这个直线运动并不是指物体在纯空间中留下的轨迹是一条直线，而

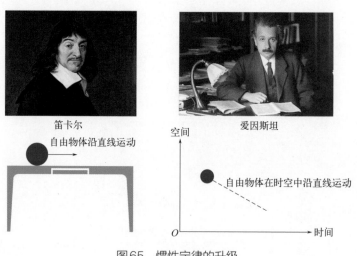

图65　惯性定律的升级

是指物体在包含时间的整个四维时空中留下的痕迹是一条直线。为了明确区分二者，下文把物体在纯空间中留下的历史称为轨迹线，把物体在包含时间的时空中留下的历史称为痕迹线。

因此，笛卡尔当初的思想在更高的层面上得到了恢复，从而得到一条升级后的惯性定律（图65）。即不受外部干扰（重力已不再算作外部干扰）的物体在四维弯曲时空中留下的痕迹是一条直线。这就是广义相对论的核心思想之一。第15章谈到等效原理的时候，还会详细解释此结论为什么成立。

根据这个核心思想，一个不受外部干扰的物体到底如何运动完全由四维时空如何弯曲决定。接下来先采用苹果掉下来的现象对此结论进行展示说明。

6.2

苹果下落的真相——居然来自时间的本性

假设一颗苹果从树上沿竖直方向掉下来。那么只需要一维空间（即一根直线R轴）就能表示该苹果在纯空间中的运动轨迹。所以，这个一维空间R轴再加上一维时间T轴所组成的二维时空面就能描述此苹果在时空中留下的历史痕迹。

根据刚谈到的升级之后的惯性定律，这颗不受外部干扰（重力已不再算作外部干扰）的苹果在这个弯曲的二维时空面上留下的痕迹就是一条直线，如图66左半部分所示。正如在图52谈到过的，由于时间的弯曲，苹果的这条痕迹线看上去却是一条曲线，如图66的右半部分所示。

从图66可以看到，随着时间往右边流逝，这颗苹果会沿R轴不断往下移动，也就是不断地落向地面。所以，苹果掉下来在本质上是由时间弯曲造成的。而且还可以看到，苹果在第二个1s内沿R轴往下移动的距离将比第一个1s内移动的距离长。也就是说苹果下落速度越来越快，即苹果加速下落。并且，从时间弯曲图中还可以计算出苹果下落距离与下落时间的平方成正比。

就这样，对于苹果为什么会掉下来的问题，我们豁然开朗，有了一个完全不同的理解视角。那就是苹果掉落最深层次的原因居然来自时间的本性，即来自时间的弯曲，或者说来自时间流逝快慢的不均匀性。

这就是爱因斯坦充满天才想象力的答案。当第一次意识到世界是如此精妙地被设计出来时，爱因斯坦一定发出过由衷的赞叹。同时，作为第一个洞察这些奥

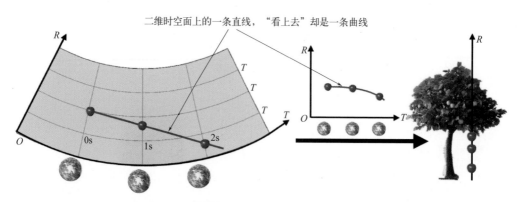

二维时空面上的一条直线，"看上去"却是一条曲线

图66　苹果掉下来的原因是时间的弯曲

秘的人，他的心情应该无比激动，且难以平息。这种发现带来的快乐也是科学家们总是孜孜不倦地探索大自然的强大动力之一。

自从人类诞生以来，我们就开始好奇一块扔出去的石头为什么还会掉下来。在漫长的历史长河中，不同时期的人们都在竭尽全力地给出自己的解释。但是，不管是远古时代的人们还是轴心时代的人们，抑或是中世纪的人们，他们万万没有想到，生活中无比熟悉的石头掉下来现象的根源居然是时间的本性——这个看似毫不相关的对象。这绝对是一个全新的，且意想不到的解释方式。当然还是至今为止最本质的解释方式，因为至今为止我们还没有发现比时间更加本质的存在。

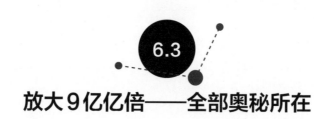

6.3

放大9亿亿倍——全部奥秘所在

当然，肯定有读者会觉得这种解释太不可思议了，因为图54已经表明时间的弯曲程度极其微小。那么，这样微小的弯曲能产生苹果掉下来这样明显的现象吗？

比如说，苹果树下的时间比苹果树上的时间大约每隔1亿年才慢1s，即在1m高度差的范围内，时间流逝变慢的程度还不到一亿亿分之一。这么一点点微小差别产生的时间弯曲程度实在是太微小了——它的弯曲程度比太阳系那么大的圆圈的弯曲程度都还要小。那么，如此微小的时间弯曲导致苹果痕迹线的弯曲程度也必将是极其微小的，进而表现为苹果下落的距离也是极其微小的。如图67

所示，苹果第1秒的下落距离大约只有十亿亿分之五米❶。这根本就不是生活中所看到的第1秒下落5m的现象。

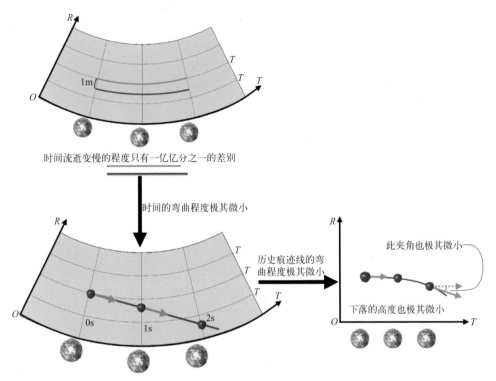

图67　时间极其微小的弯曲程度似乎不足以产生苹果掉下来这样极其明显的现象

　　这个问题背后的奥秘就在于时间长度和空间长度本身并不是同一种类型的对象。比如它们的单位就完全不同，时间长度的单位是秒（s），空间长度的单位是米（m）。那么，想要让时间和空间组成一个整体即时空，首先需要将它们统一为同一种类型的对象，比如也采用单位"米"去度量一段时间的长短。解决方法就是将时间轴T乘以光速c。这样一来，代表距离的cT就可以采用单位"米"来度量了，尽管我们本质上还是在度量一段时间的长度。

　　所以，在将一维时间T和一维空间R组合成一个整体，从而形成二维时空面的过程中，我们需要将时间坐标轴T替换为cT。这相当于将时间轴的长度放大了光速（数值）倍，如图68的下半部分所示。

---

❶ 时间的弯曲程度导致苹果下落的加速度为g/c^2，所以苹果第1秒下落的距离为（1/2）×g/c^2，即大约十亿亿分之五米。式中，g=9.8m/s²；c是光速，等于$3×10^8$m/s。g/c^2的来历可参见图177的说明。

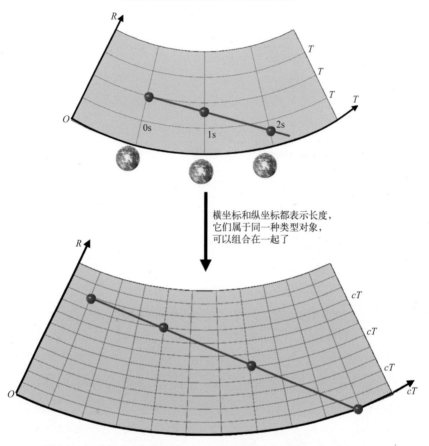

图68　在时空这个新对象中，时间长度需要采用单位"米"来度量

　　让时间轴的长度放大光速（数值）倍，即放大3亿倍，这相当于将苹果下落的时间放大了3亿倍。前面刚刚谈到过，时间弯曲导致苹果下落的距离与时间的平方成正比。因此，这个放大过程就让苹果下落的距离放大了光速（数值）的平方倍，即放大了9亿亿倍。

　　比如第1秒的下落距离就从十亿亿分之五米放大到约5m的距离。也就是放大到人类轻易能感知到的数量级，比如我们可以用眼睛看到一颗苹果从树上掉下来，如图69所示。这种放大效应就像在原子弹中，根据质能方程[1]$E = mc^2$，即使非常少的质量亏损放大光速数值的平方倍后所得到的能量也是巨大的一样。

---

[1] 质能方程实际上也是由于时间T需要乘以光速c从而统一为空间长度对象，能量需要除以光速c从而统一为动量对象所共同形成的

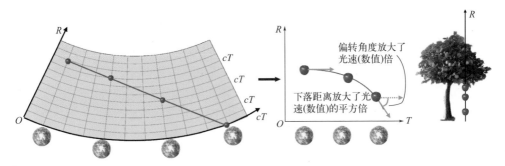

图69　时间的弯曲所产生的苹果下落距离被放大9亿亿倍

　　需要特别注意的是，这个放大9亿亿倍的过程非常重要，因为正是有了这一放大过程，时间流逝快慢所带来的极其微小差异才能表现为苹果下落这一无比明显的现象，也就是时间的微小弯曲才能导致苹果下落。

　　与之形成鲜明对比的是，空间的弯曲并没有被放大9亿亿倍。那么，同样也是极其微小的空间弯曲就根本不足以让苹果掉下来[1]。所以，对于日常生活中多数物体（比如苹果）所受到的重力，图70所示的空间弯曲产生的贡献极其微小。第8章将会谈到，只有当物体的运动速度非常快时，空间弯曲所产生的效应才会明显表现出来。

　　总之，苹果掉下来的原因几乎完全来自时间的弯曲，并非来自空间的弯曲。而以往一些科普资料常常采用空间的弯曲来解释苹果下落的原因，这是不准确的。后面还会继续澄清这一错误的理解方式。

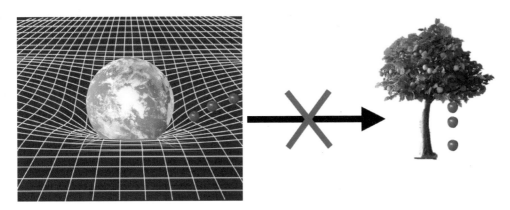

图70　空间的弯曲不是苹果掉下来的主要原因

---

　　[1] 纯空间的弯曲程度大概与一个有火星轨道半径那么大的球面的弯曲程度相当。不过，图29所示纯空间的弯曲形状与球面的弯曲形状并不相同，而是和伪球面的形状类似。

第 **7** 章

卫星为什么会
围绕地球旋转
——时间弯曲占主导

卫星之所以围绕地球旋转，仍然不过是时间流逝快慢的无比微小差异被放大9亿亿倍之后的表现而已。

卫星围绕地球旋转的原因也来自时间的弯曲

卫星的运动轨道是一个圆，它需要二维的纯空间才能展现，下文把这个二维纯空间称为XY面。这个二维空间加上一维时间T就组成一个三维时空，下文把这个三维时空称为XYT时空，如图71所示。

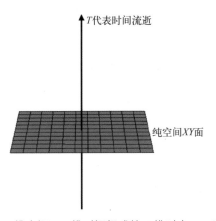

图71 由二维空间+一维时间组成的三维时空——XYT时空

同样，当地球存在之后，由于时间流逝变慢和空间真实长度变长，这个三维XYT时空也会发生弯曲。不过这种弯曲是朝我们视觉不可感知的另外三个维度进行的。由于在视觉上只能画出三维图形，所以我们已经无法画出XYT时空弯曲的直观形状了。但与图32和图52的弯曲情况类似，XYT时空的弯曲仍然可以通过其他方式表现出来，比如说XYT时空中的一条直线看上去是一条曲线，如图72所示。

图中蓝色线是一条直线，它之所以看上去是弯曲的，完全就是由XYT时空本身发生了弯曲所导致的。图中绿色线代表蓝色线在空间XY面上的投影。由于蓝色线看上去是弯曲的，所以投影出的这条绿色线就是弯曲的。

不过，这个三维XYT时空的弯曲是由时间流逝变慢和空间真实长度变长共同导致的，即它同时包含了时间的弯曲和空间的弯曲，所以蓝色线和绿色线的弯曲也是由时间的弯曲和空间的弯曲共同导致的。

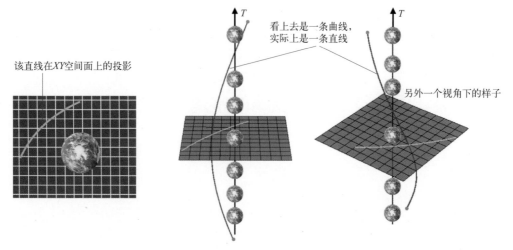

该直线在XY空间面上的投影

看上去是一条曲线，实际上是一条直线

另外一个视角下的样子

图72　XYT时空存在弯曲的表现方式：直线看上去是弯曲的

同样，与图36和图54的结论类似，由于时间流逝变慢的程度和空间真实长度变长的程度都是极其微小的，那么三维XYT时空的弯曲程度也是极其微小的，所以这条蓝色线和这条绿色线的弯曲程度也是极其微小的，如图73所示。

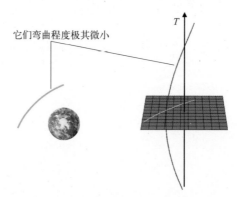

它们弯曲程度极其微小

图73　XYT时空的弯曲程度也是极其微小的

如此微小的弯曲当然不足以让一颗卫星围绕地球旋转。和苹果掉下来的情况类似，在这个三维XYT时空中，也需要把时间轴T转变为具有空间长度单位的对象。解决方法仍然是将时间轴T替换为cT。同样，这也相当于将时间轴长度放大了光速（数值）倍，进而将蓝色线和绿色线的弯曲程度放大了光速（数值）的平方倍，即放大了9亿亿倍❶。

❶ 此结论严格的计算证明参见《破解引力：广义相对论的诞生之路》第27章。

当这条绿色线的弯曲程度放大9亿亿倍之后，它的弯曲程度就已经无比明显了，因为它正是一颗卫星围绕地球旋转留下的轨道，如图74所示。

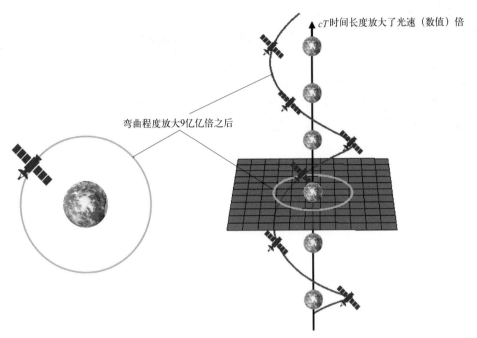

图74 绿色线的弯曲程度放大9亿亿倍之后产生的效果

不过，这种放大只是将时间弯曲对蓝色线和绿色线所导致的弯曲放大了9亿亿倍，而空间弯曲所导致的弯曲并没有放大9亿亿倍。这是由于代表空间的 X 轴和 Y 轴并没有放大光速（数值）倍，只有时间轴 T 放大了光速（数值）倍。也就是说，对于图74中蓝色线和绿色线的弯曲，空间的弯曲所产生的贡献仍然极其微小，小到根本无法让卫星围绕地球旋转。所以，卫星之所以围绕地球旋转，仍然不过是时间流逝变慢所带来的无比微小差异被放大9亿亿倍之后的一种表现而已。

总之，卫星围绕地球旋转的原因居然也来自时间的本性，即来自时间的弯曲，而不是来自空间的弯曲。一些科普资料常常采用空间的弯曲来解释卫星围绕地球旋转的现象，这是不准确的。

但是，这并不意味着空间弯曲（即图75左半部分所示的弯曲）不会产生任何效应。实际上，在光的传播过程中，空间弯曲产生的贡献就非常明显，达到了光线总弯曲的一半。而在卫星运动现象中，空间弯曲产生的贡献是让卫星的近地点产生了进动，类似于水星的近日点进动。

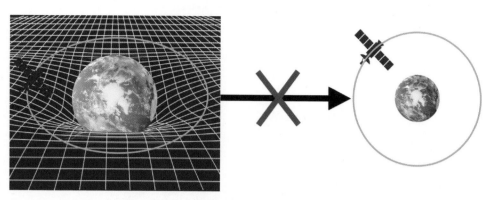

图75　纯空间的弯曲不是卫星围绕地球旋转的原因

空间弯曲对卫星运动的影响

进动是一种普遍现象，其中最著名的例子就是水星围绕太阳旋转时产生的进动。水星轨道离太阳最近的点称为近日点。每公转一圈，该点的位置都会发生一点移动，这种移动称为水星近日点的进动，如图76所示。

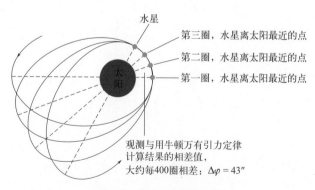

图76　水星的进动现象

那么，纯空间的弯曲如何影响水星近日点的进动呢？为了和前面例子保持一致，我们把水星绕太阳旋转的过程换成一颗卫星绕地球旋转的过程。这对最后结论不会产生任何影响，因为背后的原理是完全一样的。

　　假设空间没有弯曲，如图77上半部分所示。卫星在一段时间内旋转的角度为φ，卫星在此过程中扫过的扇形面积为S。那么，当空间弯曲之后，这些结论会有什么样的改变呢？正如第2章谈到过的，空间的弯曲就是指空间的真实长度变长了，这就导致卫星在此过程中扫过的那块扇形的真实面积变大为S'，如图77右下部分所示。

　　前面多次谈到过，图77右下部分所示的空间弯曲是朝我们视觉上无法感知的另外一个维度发生的，我们在视觉上能感知到的空间形状仍然如图77左下部分所示。但这块扇形的真实面积又确实由于空间的弯曲而变大了。这个事实表现出来的效果就是卫星看上去旋转了更大的角度φ'，让扫过的扇形面积看上去正好等于真实面积S'。

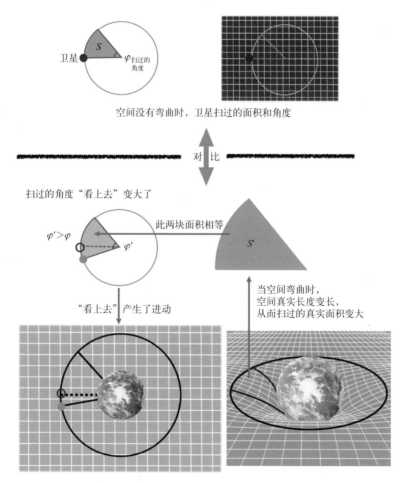

图77　纯空间的弯曲是如何导致进动现象产生的

所以，卫星看上去所转过的角度φ'比它所转过的真实角度φ要大。这样一来，卫星旋转一圈看上去所转过的角度将大于它旋转一圈的真实角度（即360°）。也就是说，卫星看上去产生了进动。

　　水星在近日点的进动现象也是这样的。不过，空间弯曲只贡献了进动差值的三分之二（图78）。如图76所示的水星进动中，空间弯曲产生的进动角度只有29角秒，它只占进动差值43角秒的三分之二。

　　另外三分之一的进动由时间弯曲贡献❶。这个结论可以从另外一个角度得到很好的理解。第4章谈到过，时间弯曲表现为时间流逝变慢，而时间流逝变慢就表现为卫星绕地球的旋转变慢。这就意味着卫星旋转一圈需要耗费更大的时间流逝量。也就是说，如果采用无穷远处的钟（即没有变慢的钟）来测量时间的话，我们将发现卫星旋转一圈会花去更长的时间。

　　无穷远处的钟（即没有变慢的钟）的时间就是我们记录所采用的时间，即人为标记时间，也是图51谈到的"看上去"的时间。所以，卫星看上去旋转了更长的时间，这就意味着卫星看上去旋转了更多的角度，即超过了360°，也就是产生了进动。

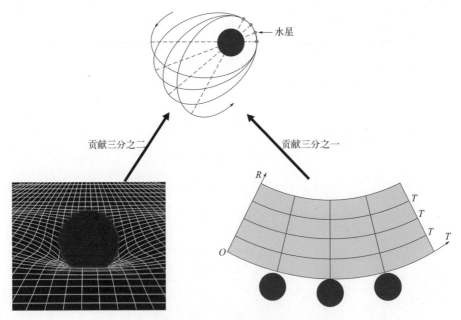

图78　时空弯曲对水星进动差值的贡献情况

---

　　❶ 空间弯曲和时间弯曲分别导致的进动量的严格计算过程可以参看《破解引力——广义相对论的诞生之路》第27章。

　　所以，时间弯曲所产生的作用有两个。第一个作用是让卫星围绕地球旋转，这是主要作用；第二个作用是对卫星进动产生一点点贡献，这是次要作用。而空间弯曲的主要作用是对卫星进动产生一点点贡献。

　　尽管空间弯曲所产生的这一点点贡献非常微小，可当初它却让爱因斯坦的科学探索陷入了痛苦、纠结和彷徨中。1913—1915年是广义相对论创立过程中最艰难的岁月。因为爱因斯坦在这期间所创立的引力理论没有包含空间的弯曲，所以空间弯曲产生的这一点点贡献也就缺失了，从而导致水星进动的理论计算与观测无法严格吻合。到了1915年底，爱因斯坦才找到了最终正确的引力理论，该理论才包含空间的弯曲，从而把缺失的一点点进动找回来了，让理论计算与观测严格吻合。

第 **8** 章

光线为什么会弯曲

——时间弯曲和空间弯曲各贡献一半

纯空间弯曲的一种表现方式就是：一条直线看上去会变成一条曲线。

如何判断时空弯曲所产生贡献的大小

上一章谈到，对于卫星围绕地球的旋转运动，时间弯曲所产生的贡献远远超过空间弯曲所产生的贡献。那么有没有更一般的方法，可以更直观地判断时空弯曲所产生贡献的大小呢？

图34和图35的例子表明，时空的弯曲还可以通过两个平行方向之间的夹角表现出来。如图79所示，图（a）图（b）是两条相同的路径，蓝色箭头是红色箭头沿路径平行移动得到的，即蓝色箭头和红色箭头是两个平行方向。蓝色箭头和红色箭头之间的夹角正是时空存在弯曲的表现。另外，这个夹角是通过把红色箭头沿路径平行移动累积得到的。那么很显然，此夹角的大小取决于累积路径的长短。所以，这个夹角称为沿路径累积得到的弯曲量，它就可以用来判断时空弯曲所产生贡献的大小。

比如图79（a）是累积了10m长度范围内的弯曲所得到的弯曲量，图79（b）是累积了30m长度范围内的弯曲所得到的弯曲量。很显然，图79（b）的弯曲量大于图79（a）的弯曲量。也就是说，在图79（b）情况中，时空弯曲所产生的贡献更大。

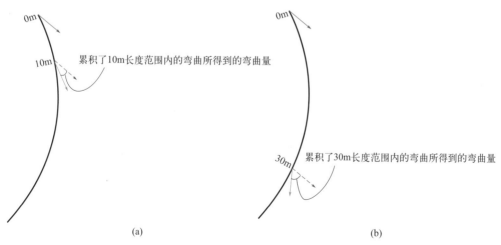

图79 时空弯曲所产生的贡献量还取决于累积了多大范围内的弯曲量

利用这种判断方法，我们就可以非常容易地理解为什么苹果的下落和卫星的旋转几乎完全由时间的弯曲所产生：因为在相同时间内，苹果和卫星在时间维度上可以累积到更大范围内的弯曲，从而得到更大的弯曲量，而在空间维度上累积到的弯曲量却极其微小。尽管它们在时间维度上留下的痕迹和空间维度上留下的轨迹并不相同，但仍然可以采用这种方法进行大致判断。下面就来详细说明这一结论。

压倒性胜出——时间弯曲的贡献远大于空间弯曲的贡献

如图80（a）所示，在1s内，苹果的痕迹线在时间维度上只累积到了1s长度范围内的弯曲。那么累积到的弯曲量［即图80（a）里的弯曲角度］必定是极其微小的。

但是在时空的组成成分中，时间T需要先转化为空间长度类型的量之后，才能和空间组成一个整体（这个整体就是时空）。这就需要将时间轴T乘上光速c，即将时间轴T替换为cT。那么苹果所经历的这1s也就相当于经历了3×10^8m的长度（因为1s乘上光速c等于3×10^8m），如图80（b）所示。

这样一来，在1s内，苹果的痕迹线在时间维度上相当于累积到了3×10^8m长度范围内的弯曲。那么累积到的弯曲量［即图80（b）里的弯曲角度］就不再是极其微小的，而是放大了3亿倍，大到我们肉眼就能识别的范围了，即我们会看到一颗苹果从树上掉了下来。

但是，在第1秒内，苹果下落的距离大约为5m，即苹果的轨迹线在纯空间中只经历了约5m的长度。所以，在这1s内，苹果的轨迹线在空间维度上只累积到5m长度范围的弯曲量，如图81所示。

也就是说，在这1s内，空间弯曲只贡献了5m长度范围的弯曲量。与之形成鲜明对比的是，在这1s内，时间弯曲贡献了相当于3×10^8m长度范围的弯曲量。显而易见，空间弯曲所贡献的这区区5m长度范围的弯曲量就微小到可以完全忽略不计。所以，纯空间的弯曲对苹果下落产生的贡献可以忽略不计，苹果的自由下落几乎完全是由时间弯曲所贡献的。

对于卫星而言，结论也是类似的。卫星的运动速度大约为8km/s，所以，在

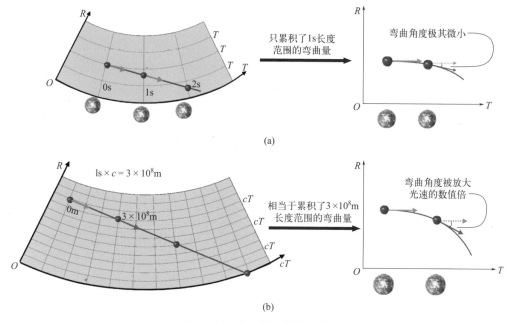

图80　时间弯曲所贡献的弯曲量

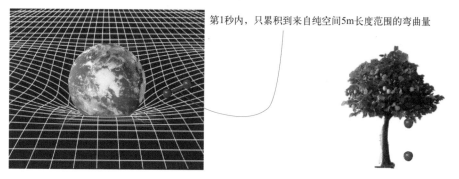

图81　纯空间弯曲所贡献的弯曲量

1s内，卫星的轨迹线在空间维度上累积到了约8km长度范围的弯曲量，如图82所示。相比于时间弯曲贡献的相当于3×10^8m长度范围的弯曲量，空间弯曲所贡献的这8km长度范围的弯曲量仍然很微小。所以，卫星围绕地球的旋转也几乎完全是由时间弯曲所贡献的。

　　实际上，我们已经有具体的实验数据来支持这个结论了。在图35谈到过，引力探测B（Gravity Probe B）项目让一个陀螺在642km高的轨道上围绕地球旋转5500圈之后，这个旋转过程所累积到的弯曲量只有6.6角秒。

1s之内，只累积到来自纯空间8km长度范围的弯曲量

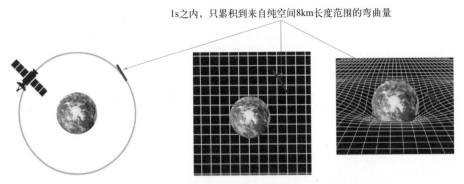

图82 纯空间弯曲所贡献的弯曲量无法让卫星围绕地球旋转

图35中陀螺的指向就相当于图79中平行移动的红色箭头。那么，这个陀螺指向的偏转角度就是积累到的弯曲量。也就是说，围绕地球旋转一圈，空间弯曲所贡献的弯曲量只有6.6/5500=0.0012角秒。

但是，卫星围绕地球旋转一圈，卫星的运动方向需要偏转360°。所以，这区区0.0012角秒的方向偏转角度根本无法完成这个360°的偏转，也就是图82右半部分所示的空间弯曲根本无法让卫星围绕地球旋转。

8.3

少有的旗鼓相当——空间弯曲与时间弯曲产生的贡献相当

对于快速运动的物体，空间弯曲所贡献的弯曲量就不再是微小的。比如一束光在1s内运动3×10^8m。那么，在1s内，光的轨迹线在空间维度上累积到了3×10^8m长度范围的弯曲量。这个弯曲量与时间弯曲所产生的贡献量正好相等。所以，在光线的总弯曲角度中，时间弯曲和空间弯曲所产生的贡献量各占了一半。

图83展示了空间弯曲是如何导致光线弯曲的。具体来说，看上去是曲线的那条蓝色路径的真实长度反而更短。而光总是选择最短的路径传播，所以光会选择看上去是曲线的那条蓝色路径来传播，即光线看上去弯曲了。

至于时间弯曲如何导致光线弯曲，答案很简单，那就是表现为万有引力（也有人称之为牛顿引力）对光子的吸引作用。引力的这个吸引作用让光的传播路径

发生了弯曲。所以，从这个答案也可以非常明显地看到，万有引力并不是来自空间的弯曲，而是来自时间的弯曲。这个结论与从苹果下落和卫星运动中得出的结论是一致的。

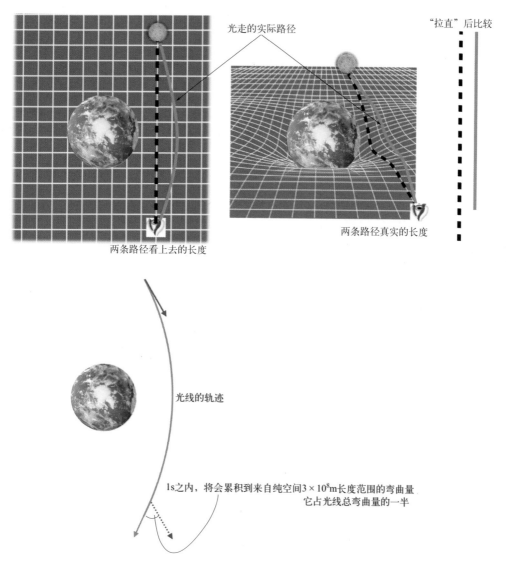

图83　纯空间弯曲所贡献的弯曲量是光线总弯曲量的一半

　　另外，图84也常常用来说明光线为什么弯曲。如果电梯是静止的，一束光线从左向右射过来，电梯里观测者看见这束光线的轨迹是一条直线，如图84（a）所示。但如果该电梯没有静止，而是在向上加速运动，那么电梯里该观测者看见这束光线的轨迹变成一条曲线，如图84（b）所示。根据等效原理，图84（b）中加速运动观测者与地面上静止观测者是等效的，所以地面上静止观测者也会发现从地球附近经过的光线会发生弯曲，如图84（c）所示。这是利用等效原理解释光线弯曲最常用的一种方式。不过，这种解释方式等价于采用万有引力对光子的吸引作用去说明光线弯曲。也就是说，图84所示的光线弯曲本质上是由时间弯曲产生的。不能采用图84去解释说明图83中的光线弯曲，因为图83中的光线弯曲是由空间弯曲产生的。这是一个值得澄清的地方。

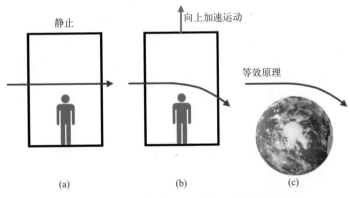

图84　对光线弯曲的一种常见的解释方法

　　早在1911年，爱因斯坦就已经根据时间的弯曲计算过光线的弯曲。不过，这次计算出的弯曲角度只有后来观测结果的一半，因为在这个时候，爱因斯坦还不知道空间也存在弯曲。到了1915年，当爱因斯坦找到最后正确的引力场方程之后，他才得到空间的弯曲，从而计算出弯曲角度的另外一半。

　　到了1919年，爱丁顿率领观测团队成功地观测到了太阳对光线弯曲的角度。观测结果是1911年计算结果的两倍，与1915年的计算结果则完全吻合。这种完全吻合让爱因斯坦的名气冲破了学术圈，一夜之间直线上升，成为一颗耀眼的科学明星，从此以后被大家公认为天才。

第 **9** 章

引力波

——时空的另外一种弯曲

当地球运动起来之后，地球会产生一种新类型的引力。如果地球做加速运动，这种新引力就会形成类似电磁波那样的波动，这种波动就是引力波。

静止的电荷只会产生静电场或者说库仑力。当电荷运动起来之后，这些电荷就形成电流，从而还会产生磁场或者说磁力❶。如果电荷匀速运动，那么这些磁场的状态保持不变。但如果电荷加速运动，那么这些磁场就会不断变化。这些不断变化的磁场又会反过来产生一种新的电场❷。这种新电场也在不断变化，而且它的电场线和磁感线一样，也是闭合的。

　　这样一来，这些变化过程就可以不断重复下去，也就是：变化的电场产生变化的磁场，变化的磁场反过来又产生变化的电场。这个不断重复的过程就是电磁波形成和传播的过程。所以，如果电荷在加速运动或减速运动，该电荷就会辐射出电磁波，如图85所示。

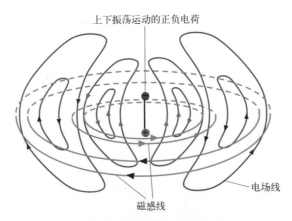

图85　电磁波的形成和传播过程

　　引力也会产生类似的结果。当地球静止的时候，地球产生的引力主要是万有引力。当地球运动起来之后，地球也会产生一种新类型的引力。如果地球也在加速运动或减速运动，那么这种新引力也会形成类似电磁波那样的波动。这种波动就叫作引力波。

　　地球加速运动产生的这种新引力具有两个不同特点。一是它的大小不像万有引力那样随距离平方的增大而衰减，而是随距离一次方的增大而衰减。二是它的大小还与地球加速度的大小有关：加速度越大，这种新引力就越大。

　　这两个不同点可以让这种新引力传播到很远的地方，特别是当引力源加速度很大的时候。比如两个高速相互旋转的黑洞，它们产生的新引力在很远距离之外都仍然存在。与之形成对比的是，在离引力源很远的这些地方，万有引力早已经

---

❶ 第11章会解释，这些磁场是由狭义相对论效应产生的。

❷ 这也是由狭义相对论效应所产生的。

衰减为零了，如图86所示。

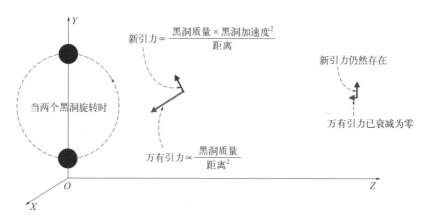

图86　距离黑洞足够远的地方，万有引力已经衰减为零，引力波中的引力却没有

所以，引力波中的引力不再是万有引力，而是一种新类型的引力。而前面章节谈到过，万有引力主要是由时间弯曲所产生的。由于引力波中的引力不再是牛顿引力，那么引力波中的时空弯曲也就不再是时间的弯曲，主要是空间的弯曲。也就是说，引力波的扰动实际上是空间自身的一种扰动。

不过，引力波中空间弯曲的方式与地球周围空间弯曲的方式也不再一样。尽管它们都是空间的真实长度发生了改变，但引力波中空间弯曲主要是通过空间自身的拉伸或收缩，来达到让空间真实长度改变的效果，如图87所示。

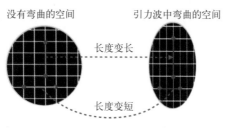

图87　引力波中空间的弯曲方式

所以，当作为引力波源的两个黑洞不断旋转时，空间自身的这种拉伸或收缩也会不断重复产生，从而形成所谓的空间扰动，或者说空间的涟漪。空间的这个扰动过程就是引力波传播的过程。比如，在两个旋转黑洞的侧面，空间的扰动过程如图88所示。

在两个旋转黑洞的正面，发射出的引力波扰动也是类似的，只是空间自身拉伸或收缩的方向存在一点不同，如图89所示。

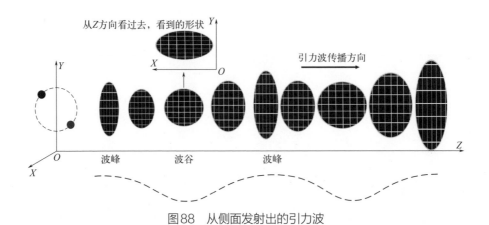

图88　从侧面发射出的引力波

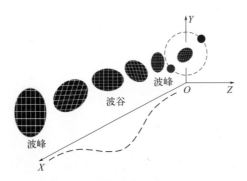

图89　从正面发射出的引力波

当引力波到达地球时，引力波产生的空间扰动（表现为空间真实长度的拉伸或收缩）就会导致地球形状的拉伸或收缩，然后导致地球上的LIGO引力波探测器的拉伸或收缩，从而被LIGO引力波探测器感受到这列引力波的存在，如图90所示。

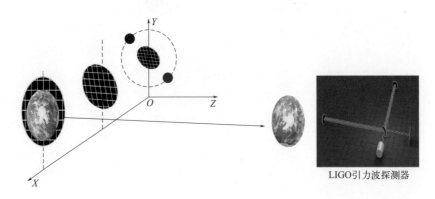

LIGO引力波探测器

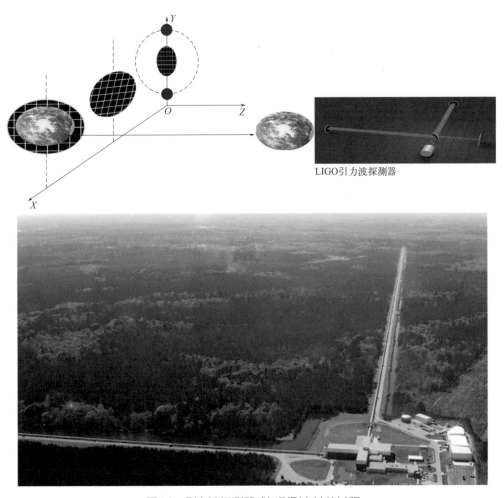

LIGO引力波探测器

图90 引力波探测器感知到引力波的过程

尽管引力波导致空间真实长度拉伸或收缩的量是极其微小的，但还是被当今强大的技术在2016年测量出了。

第 10 章

正确理解

"时空弯曲告诉物体如何运动"

对于日常生活中的物体，"告诉"物体如何运动的弯曲几乎全部来自时间的弯曲，只有一点点来自空间的弯曲。

广义相对论已经诞生100多年了，但大多数人对这个理论仍然感到相当陌生。在这100多年里，也有很多杰出人物试图把广义相对论的核心思想简化成所有人都能听得懂的语句。比如其中最成功也最著名的一句话，当然也是概括性最高的一句话，但同时也是很多人没有准确理解的一句话就是："物质告诉时空如何弯曲，时空弯曲告诉物体如何运动"。

这句话并没有看上去那么容易理解，甚至会导致一些人的误解。

第2章和第4章对前半句"物质告诉时空如何弯曲"进行了解释说明。这些说明可以总结如下。

地球会让周围空间在径向上［比如图91（a）绿色线段所代表的方向］的真实长度变得不均匀，即越靠近地球，真实长度变得越长。地球还会让时间流逝的快慢变得不均匀，即越靠近地球，时间流逝得越慢。为了把这些不均匀的改变程度直观展现出来，可以采用图91所示的弯曲图形。

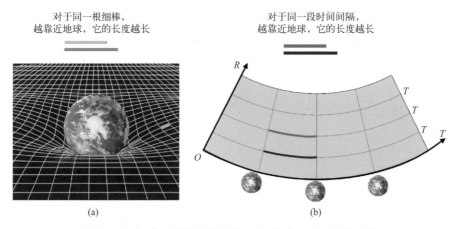

图91 图（a）表示空间的弯曲，图（b）表示时间的弯曲

图91（a）把空间的真实长度随高度的改变情况直观展现出来了，它被称为空间的弯曲。图91（b）把时间间隔的标准长度随高度的改变情况直观展现出来了，它被称为时间的弯曲。当然，也可以把空间的不均匀性和时间的不均匀性在同一张图里直观展示出来，如图92所示，它就是二维时空面的弯曲。

由于人类的视觉是三维的，所以我们只能直观地画出如图91、图92所示的二维弯曲情况。更高维度空间或更高维度时空（一维时间+二维以及二维以上的空间）的弯曲情况就无法直观展现出来了，只能通过其他方式体现出来。

需要注意的是，图91（a）只是代表纯空间的弯曲，并没有包含时间的弯曲。但一部分科普资料在解释说明"物质告诉时空如何弯曲"的时候，只画出了图

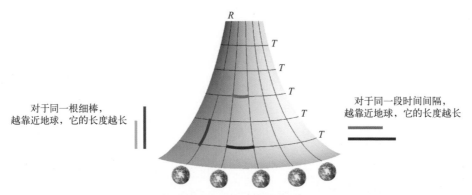

图92　由径向空间和时间组成的二维时空面的弯曲

对于同一根细棒，越靠近地球，它的长度越长

对于同一段时间间隔，越靠近地球，它的长度越长

91（a）所示的弯曲。这就导致大家很容易误以为图91（a）就代表整个时空的弯曲。这种误解又进一步导致大家对后半句话"时空弯曲告诉物体如何运动"产生了误解，具体说明如下。

10.1

最常见的误解

最常见的误解就是认为图93所示的空间的弯曲导致了苹果下落和卫星绕地球旋转。但前面几章已经详细展示过，时间的弯曲才是苹果下落和卫星绕地球旋转的主要原因。

这类误解方式常常会这样去解释"时空弯曲告诉物体如何运动"，比如认为地球把代表空间的这个网格向下压出了一个凹槽，当苹果处于这个凹槽的斜坡上时，它就会出现沿斜坡往下滚的倾向，而这个倾向就表现为地球对苹果的引力。但这种理解方式是错误的。

当然，也常常出现采用类似的误解方式去解释卫星围绕地球旋转的原因。比如将一块圆形的布的四周固定住，然后在这块布的中心放一个铅球，这个铅球就会将布向下压出类似图93左半部分所示的弯曲形状。之后再抓一把小钢珠以一定初速度撒在这块被压凹的布上，这些小钢珠就会在这个凹面上围绕铅球旋转。这种旋转就被解释为卫星围绕地球旋转。但这种理解方式也是错误的。

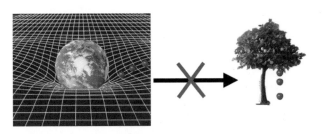

对"时空的弯曲告诉物体如何运动"的常用理解方式，
但这种理解是错误的

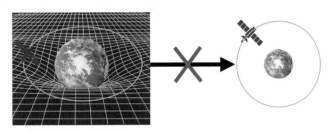

图93　对"时空的弯曲告诉物体如何运动"的错误理解方式

误解的澄清

　　对于"时空弯曲告诉物体如何运动"这句话，以上两种理解方式存在两个误解。第一个误解是把时空弯曲只理解为类似图93所示的纯空间弯曲。第二个误解是把图93理解为空间真的向下方发生了弯曲。

　　第一个误解的澄清：导致苹果掉落的时空弯曲图并不是图93所示的纯空间弯曲图，而是图69所示的时间弯曲图。前面几章已经详细分析过，空间极其微小的弯曲程度根本不足以让苹果掉下来。实际上，空间弯曲对苹果产生的力是一种极其微小的排斥力，而不是让苹果掉下来的吸引力。这是很容易理解的，具体解释如下。

　　空间弯曲的表现就是空间的真实长度会变长。比如说，看上去是4m的长度，它的真实长度其实是5m（这里严重夸大了变长程度）。这样一来，如果苹果在第1s下落了5m的距离，那么，这个距离看上去却只有4m。也就是说苹果在第1s看上去只下落了4m。这相当于让苹果看上去受到了一种向上的排斥力，从而减少了下落距离。该结论的严格计算过程参看《破解引力：广义相对论的诞生之路》第26、27章。

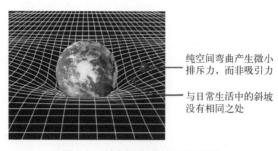

纯空间弯曲产生微小排斥力，而非吸引力

与日常生活中的斜坡没有相同之处

图94　对空间弯曲的两种误解

第二个误解的澄清：图94所示的纯空间弯曲并不是朝我们视觉感知到的第三个空间维度（即向下）发生的，而是朝视觉不可感知的另外一个空间维度发生的。所以，图94所示弯曲图中的"斜坡"根本就不是我们在日常生活中所了解的那种斜坡，更不存在沿斜坡往下滚的倾向。这完全是一种"望图生义"的理解。

最后，再从历史发展的角度解释一下为什么不能将万有引力视为来自空间的弯曲。爱因斯坦在1913年发表了里程碑式的论文《广义相对论与引力论纲要》，得到了一个新的引力理论。不过，在这个新的引力理论中，只有时间是弯曲的，空间并没有弯曲❶。但是很显然，既然1913年得到的这个新引力是在万有引力基础上进行修正的，那么它一定包含万有引力。所以，万有引力不可能来自空间的弯曲，只能来自时间的弯曲。

广义相对论核心思想的另一种表述

以上这些说明就是对"物质告诉时空如何弯曲，时空弯曲告诉物体如何运动"这句话后半句的澄清。这是对广义相对论概括度最高的一句话。不过，弯曲时空，以及弯曲时空中的直线毕竟都属于几何概念，而非物理概念，物理现象当然需要纯物理的解释。那么，如果绕过像时空弯曲这样的几何概念，采用更加直

---

❶ 严格计算过程参见《破解引力：广义相对论的诞生之路》第23章。

接、更加物理的解释方式，广义相对论的核心思想应该概括为：

地球让时间流逝快慢和空间长度变得不均匀，时间和空间的不均匀性反过来让物体呈现出运动，从而在局部区域抵消这种不均匀性。

时间的不均匀性是指高度每下降1m，时间流逝就会变慢一亿亿分之一。比如说，假设苹果树的高度是3m，当地面钟的分针指向6，即00:30这个时刻的时候，苹果树上钟的指针会超过00:30这个时刻，具体为00:30.0000000000000099，如图95所示（图中指针差异被放大）。空间的不均匀性是指高度每下降1m，空间长度就变长一亿亿分之一。比如说，一根细棒竖直放在苹果树上，假如它的长度是70cm，那么把该细棒拿到地面之后，它的长度会变长为70.000000000000023cm。

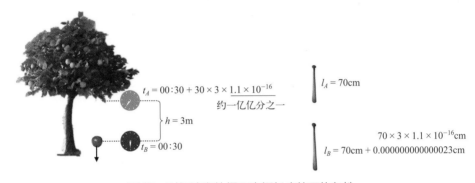

$t_A = 00:30 + 30 \times 3 \times \underbrace{1.1 \times 10^{-16}}_{\text{约一亿亿分之一}}$

$h = 3\text{m}$

$t_B = 00:30$

$l_A = 70\text{cm}$

$70 \times 3 \times 1.1 \times 10^{-16}\text{cm}$

$l_B = 70\text{cm} + 0.000000000000023\text{cm}$

图95　时间流逝快慢和空间长度的不均匀性

时间和空间的这种不均匀性当然会表现出很多效应，其中一种效应就是让物体呈现出运动的倾向。比如说，为了抵消时间的这种不均匀性，苹果具有掉下来的倾向。至于为什么会这样，本书最后一章将给出详细解释。

不过，在这些效应表现出来的时候，时间的不均匀性被放大了光速（数值）的平方倍，即放大9亿亿倍，而空间的不均匀性没有被放大。所以，当物体在空间中划过的距离很短的时候，也就是物体运动速度很慢的时候，空间不均匀性所起到的作用就很小，起主要作用的是时间的不均匀性。

比如说，苹果的掉落和卫星的运动几乎完全来自时间的不均匀性，具体依赖关系为：1kg的物体所受到的重力等于时间流逝不均匀度乘以光速平方，如图96所示。本书最后一章会解释这个方程是如何得出的。

这个结论意味着：所谓的重力其实起源于时间的本性。这是一个无比深刻的结论，也是我们之前万万没有想到的结果。那么，重力和时间，这两个看似毫无关联的对象，为什么会如此紧密地联系在一起呢？为了理解这一点，需要先理解狭义相对论最核心的对象——时空，以及被爱因斯坦称为一生之中最快乐的灵感——等效原理。在下篇解释完这两个对象之后，最后一章再来详细解释重力为什么起源于时间流逝的不均匀性。

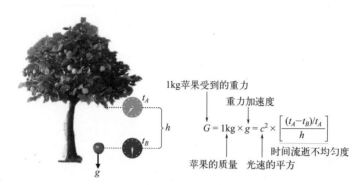

$$G = 1\text{kg} \times g = c^2 \times \left[\frac{(t_A - t_B)/t_A}{h} \right]$$

1kg苹果受到的重力

重力加速度

苹果的质量 光速的平方 时间流逝不均匀度

图96 重力来源于时间流逝快慢的不均匀性

人类理性的闪耀

上篇章节的这些内容就是广义相对论最精华的思想部分。它们是人类理性思考的光辉典范，也是理性强大力量的最佳展示。人类的理性从诞生之日起就已经被注入了一种"贪婪"的本性，那就是永不满足地探究事物现象背后的本质。对于扔出去的石头还会掉下来的现象，人类的理性从来没有停止过对其本质原因的追问。即使在牛顿提出引力的解释之后，"贪婪"的本性促使人们要去挖掘更深一层的本质。而广义相对论这一次的成功挖掘，足以让理性的光辉照亮整个人类文明史，因为理性已经让我们看到：石头掉下来的本质，居然是时间自身的秉性。在我们已有的认知中，已经没有比时间和空间更本质的存在了。也就是说理性已经让我们的探究抵达了最底层[1]。而爱因斯坦几乎是仅仅凭借他那颗不可思议的大脑，就独自得出了这一切发现。那么，下篇就来谈一谈爱因斯坦是如何发现这一切的。

---

[1] 当然，如果想要继续追问下去，那么下一个问题就是地球为什么能让时空弯曲。广义相对论并没有回答这个问题，而只是描述了地球如何让时空弯曲。这个问题涉及另一个更加本质的问题，那就是物质与时空是否可以相互转化的问题，以及相互转化的具体实现机制。

下篇

爱因斯坦如何
发现这一切

　　所有狭义相对论效应存在的真正根源只有一个，那就是时间和空间是一个整体，即时空的存在。

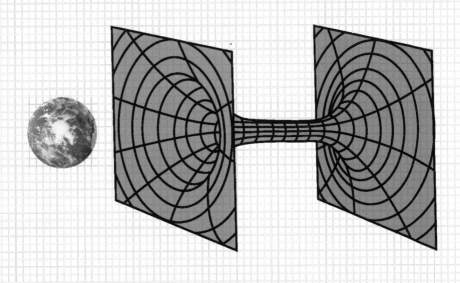

第 **11** 章

肉眼可见的相对论效应

——磁力是如何产生的

如果这个世界上不存在狭义相对论效应，那么所有的电动机都将停止工作，成为一堆废铁。

首先来看一下狭义相对论是如何被发现的。所谓狭义相对论就是只考虑观测者的运动速度给时间和空间带来的改变。

如图97所示，张三站在火车站，而李四坐在一列速度为300km/h的高铁上。站在火车站的张三认为自己手表的秒针旋转一圈代表1分钟，但是在高铁上的李四看来，张三手表秒针旋转的这一圈所代表的时间却是1.00000000000004分钟。

也就是说，对于张三手表秒针旋转一圈的这一段时间间隔的长度，李四的运动速度会让李四得到一个和张三不同的结论。这个结论也可以换一个角度来表述，那就是，如果以李四体验到的时间流逝快慢为标准，张三所体验到的这段时间间隔会流逝得更慢，具体表现就是张三手表秒针旋转得更慢。即在李四看来，张三的钟表变慢了。

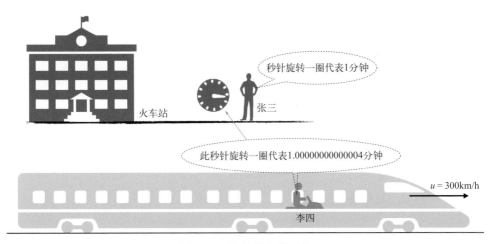

图97　时间的狭义相对性

但是，张三和李四对时间不同体验之间的差别只有一百万亿分之四。这种差别实在是太微弱了。像这样只有**一百万亿分之一量级**的差别根本无法被我们的知觉系统所感受到，以至于在爱因斯坦之前，我们一直都认为张三和李四对这段时间的体验是完全相同的。

空间的长度也存在类似的情况。如图98所示，一根细棒静止放在站台上，张三利用他携带的直尺测量出这根细棒的长度为1m。而运动的李四利用他携带的直尺测量出这根细棒的长度只有0.99999999999996m。

也就是说，李四的运动速度让他体验到的空间与张三体验到的空间也不是完全相同的。当然，这两者之间的差别也只有一百万亿分之四。所以在爱因斯坦之前，我们也从来没有意识到这两者之间居然还存在差别。

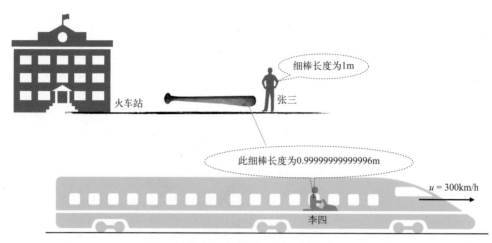

图98　空间的狭义相对性

　　时间和空间的这种相对性是如此微小，以至于在二十世纪之前，即使采用精度最高的测量仪器也无法直接发现这只有10^{-14}量级的微小差别。不过随着运动速度的提高，时间和空间的这种相对性就变得比较明显了。比如当运动速度达到光速的十分之一的时候，这两者之间的差别就从4×10^{-14}提高到5×10^{-3}。这么大的差别完全可以被测量仪器轻松地测量到了。比如到了二十世纪二三十年代，我们通过快速运动的电子、质子等微观粒子，就可以直接测量出时间和空间的确存在着这样的相对性。

　　不过，这样的结果很容易让大家产生一种误解，那就是认为狭义相对论所产生的效应似乎只有在高速运动中才会明显表现出来，在低速（比如高铁）运动现象中极其微小。实际情况当然不是这样的，毕竟狭义相对论在1905年就已经被爱因斯坦完全确立起来了。而在此之前，关于电子、质子等微观粒子的实验和理论都还处于萌芽阶段。因此，在二十世纪之前就已知的物理现象中，狭义相对论所产生的效应，必定已经以我们能察觉的方式表现出来，露出了一些蛛丝马迹。然后被人类中那些最敏锐的、充满洞察力的天才大脑捕捉到，从而发现了它的存在。

　　实际上，早在十九世纪二三十年代，狭义相对论所产生的效应就已经暴露出来了。其中最明显的现象就是奥斯特在1820年发现"由电产生磁"的现象、法拉第在1831年发现"由磁产生电"的现象，如图99所示。这两类现象在今天日常生活中已经无处不在：根据奥斯特的发现，人类后来发明了电动机；根据法拉第的发现，人类后来发明了发电机。这两种现象本质上就是由于磁场和电场也具有像时间和空间那样的相对性而产生的。

奥斯特
1820年发现通电
导线产生磁力

法拉第
1831年发现导线在磁场
中运动会产生电流

(a) 奥斯特与电动机

(b) 法拉第与发电机

图99　狭义相对论所产生的效应在日常生活中随处可见

最熟悉的相对论效应——磁场和电场都是相对的

　　大家在中学大概听过这样一个结论："静止的电荷只会激发出电场，而运动的电荷除了激发出电场，还会激发出磁场。"如图100所示，假设存在一个静止的正电荷 Q。张三静止站在此电荷旁边，那么张三只会看到电荷 Q 激发出电场，张三不会认为此电荷周围还分布着磁场。但李四没有站着不动，而是从电荷旁边向右跑过去。那么在李四看来，此电荷 Q 正在向左运动。所以李四会看到这个向左运动电荷的周围既存在电场，还存在磁场。这个结论就是奥斯特在1820年发现电流会让周围小磁针偏转的原因。

　　从这个熟悉的现象中可以得到一个无比清晰的结论：静止的张三只能看到电场，而运动的李四除了看到电场之外，还能看到磁场。

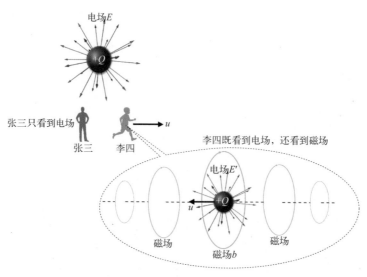

图100　磁场的相对性

　　也就是说，此电荷Q周围的磁场到底存在与否，这并不是一个绝对的事情。不同的观测者有不同的结论，即磁场是相对的。磁场的这种相对性与时间的时刻相对性在本质上属于同一种。它们都是狭义相对论所产生的效应。但不同的是，磁场的这种相对性即使在低速（比如李四的跑动速度）运动现象中，也会以"从无到有"这样无比明显的方式表现出来。背后的原因后面会解释。

　　而且，李四看到的电场E'与张三看到的电场E也不再完全相同，即电场也是相对的。不过这两者之间的差别是极其微小的，即电场的这种相对性也是极其微小的，就像空间长度的相对性那样微小一样。当然，我们也能让电场以"从无到有"这样无比明显的方式表现出它的相对性。办法就是让静止的张三看到一个磁场的存在，如图101所示。

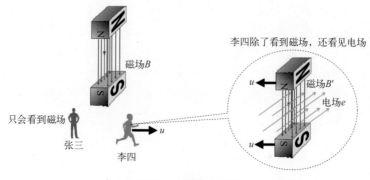

图101　电场的相对性

假设存在一个磁场 B。那么静止站在旁边的张三只会看到这个磁场的存在，张三不会认为周围还分布着电场。但李四没有站着不动，而是从这个磁场旁边向右跑过去。那么在李四看来，这个磁场的周围还分布着电场。电场的这种相对性与空间位置的相对性在本质上属于同一种。

而且，李四所看到的这个电场并不是极其微小的，而是以无比明显的方式表现出来的。比如在这块区域放置一根黄色金属棒，并且金属棒随李四以相同速度向右边运动。也就是说，黄色金属棒相对李四来说是静止的。那么，李四所看到的这个电场就会对金属导线中的电荷产生作用力，从而推动电荷运动形成电流❶，如图102所示。这个电流就是法拉第在1831年发现的感应电流。后来，我们利用这种感应电流发明了发电机。

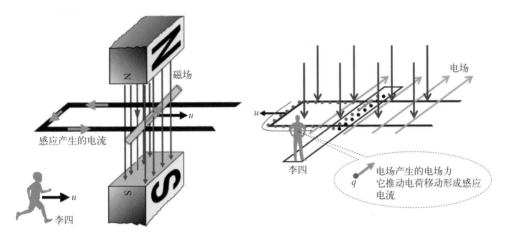

图102 发电机能工作的原因是电场具有相对性

从这个熟悉的现象中也可以得到一个无比清晰的结论：电场的相对性即使在低速（比如李四的跑动速度）运动现象中，也会以"从无到有"这样无比明显的方式表现出来。

所以，在我们日常生活接触到的现象（比如电动机和发电机）中，狭义相对论所产生的效应（比如磁场和电场的相对性）在肉眼可见的程度上表现出来。如果不存在狭义相对论，电动机和发电机都将成为一堆废铁。

---

❶ 注意，对于李四来说，金属棒向右的运动速度为零，而速度为零时电荷受的磁力为零，所以对于李四来说，推动电荷移动形成感应电流的力不是来自磁场的磁力。

为什么电磁现象最容易暴露出相对论效应

在图100和图101两个例子中，即使李四的运动速度（或者说电荷Q的运动速度、磁铁的运动速度）非常缓慢，电场和磁场的相对性也会以非常明显的方式表现出来。但在其他现象中，只有在接近光速的情况下，狭义相对论的效应才会明显表现出来。

那么，为什么会这样呢？为什么电磁现象就可以如此轻易地将狭义相对论的效应展现出来呢？背后的奥秘就在于电荷之间的相互作用力是一种无比强大的力量。相比之下，重力、弹簧力等其他类型的力量都是非常微小的力量。下面就来详细解释其中的缘由。

如图103所示，假如在正电荷Q的正上方放置另外一个正电荷q。对于静止的张三来说，电荷Q和q都是静止的。前面已经分析过，静止的张三只能看到电荷Q激发出电场。所以张三也只能看到此电场对电荷q施加的电场力。物理学家一般把这个电场力称为库仑力，因为是库仑最先将这种力精确测量出来的。

对于正在以速度u向右运动的李四来说，电荷Q和q都在以速度u向左运动。前面也已经分析过，李四会看到运动的电荷Q同时激发出了电场和磁场。所以，李四会看到此电场和磁场对电荷q分别施加了电场力和磁力。也就是说，力也是相对的，不同的观测者会看到不同的力。力的这种相对性当然也是狭义相对论所产生的效应。

总之，张三只能看到电荷q受到电场力（其大小等于库仑力）的作用，而李四则会看到电荷q同时受到电场力（其大小不再严格等于库仑力）和磁力的作用。根据电磁学理论，可以计算出李四看到的磁力与张三看到的电场力之间的关系为：

$$李四看到的磁力 \approx \frac{u^2}{c^2} \times 张三看到的电场力$$

式中，c就代表光速；u是李四运动的速度。

上面关系中的因子u^2/c^2就是一个与狭义相对论效应密切相关的系数。更准确地说，如果一个物理量W存在狭义相对论效应，那么其中一种类型的相对性效应对物理量W带来的改变值，就约等于该物理量W乘以这个系数的一半，即存在：

$$物理量W的相对论效应 \longleftarrow \frac{1}{2} \times \frac{u^2}{c^2} \times 物理量W$$

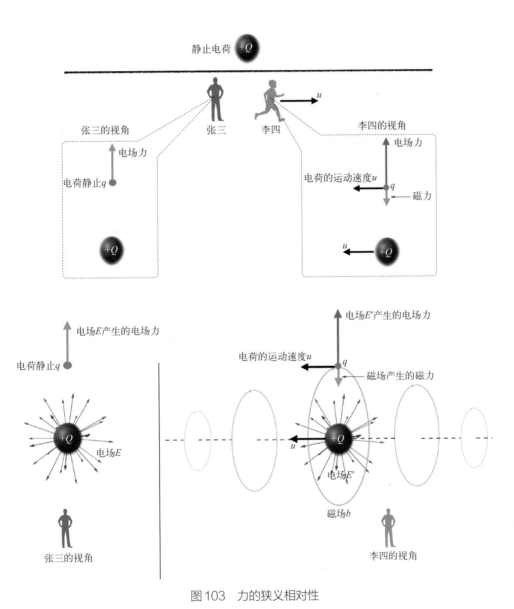

图103 力的狭义相对性

但在一般运动情况下，这个系数因子是极其微小的。比如对于高铁（速度 $u=300km/h$）上的李四来说，这个系数因子 u^2/c^2 大约为 0.00000000000008，即大约为一百万亿分之一量级。因此，任何一个物理量由于这个相对论效应所产生的**相对改变量**只有一百万亿分之一。如此微小的相对改变量在一般情况下根本无法在我们"肉眼可见"的感知范围内引起我们的觉察。

假设一颗苹果的重力大约为1牛顿（牛顿是力的单位，记为N）。那么这颗苹果的重力乘以这个系数因子 u^2/c^2 之后得到的改变量只有 0.0000000000008N，如图 104 所示。这个改变量是如此之微小，以至于我们在之前从来没有觉察到它的存在。

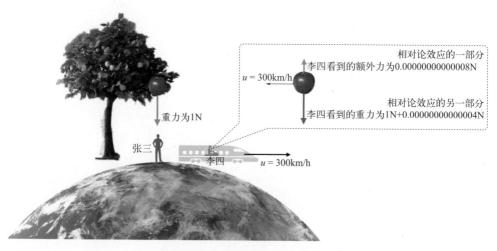

图104 重力的狭义相对性

其他类型的力量，如弹簧力、风力、机车动力都存在这样的相对论效应。只是这些相对论效应所带来的改变量也是如此微小。

但是，有一种力量却表现得非常与众不同，因为这种力量无比巨大，它就是电荷之间的电场力。如图105所示，对于两根小小的耳机导线，其中一根导线中的自由电子，对另外一根导线中的自由电子产生的电场力大约为 10^{17}N。这是一个比1亿艘航空母舰的重力都还要大的巨大力量。这个结果肯定超出了你之前的预料。

对于这个无比巨大的力量，尽管相对论效应所带来的相对改变量仍然是极其微小的，但**绝对改变量**却不再是微小的，而是高达 8×10^3N，如图106所示。这么大的力量当然能够在我们肉眼可见的感知范围内被体验到。而且，这个被我们感知到的 8×10^3N 的力量，有一个大家无比熟悉的名字——磁力。

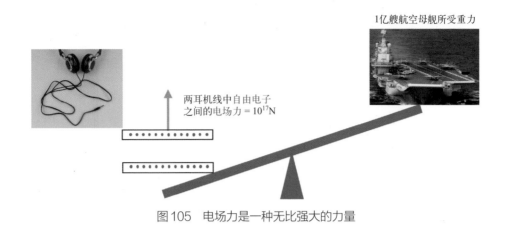

图 105　电场力是一种无比强大的力量

图 106　相对论效应所带来的绝对改变量不再是微小的

　　这个磁力就是电动机对外输出动力的力量来源，如图 107 所示。在电动机的导线中，同时存在正电荷和自由电子，那么两根导线中运动自由电子之间的电场力，与正电荷对自由电子产生的电场力抵消了，从而只剩下磁力。而这个磁力就是电流中运动电子由于狭义相对论效应所产生的一种力。所以，如果这个世界上不存在狭义相对论，那么所有的电动机都将停止工作，成为一堆废铁。当然，真实电流中电子的运动速度非常缓慢，所以实际产生的磁力远远小于例子中的数值。

　　最后，值得注意的是图 107 中两排运动电子之间的电场力仍然是 10^{17}N，而不是图 106 右半部分所示的 10^{17}N+4×10^3N。这是因为图 106 右半部分电子之间的间隔空间随电子一起运动，即整个导线在运动，而图 107 中电子之间的间隔空间没有随电子一起运动，即导线静止。由于相对论效应会导致长度收缩，这种不同会产生如图 108 所示的区别。那么这个区别就会让图 107 中两排自由电子之间电场力重新等于 10^{17}N，从而与正电荷对自由电子产生的电场力相等，进而相互抵消。这个区别还会让图 107 中两排自由电子之间的磁力约小于 8×10^3N。

115

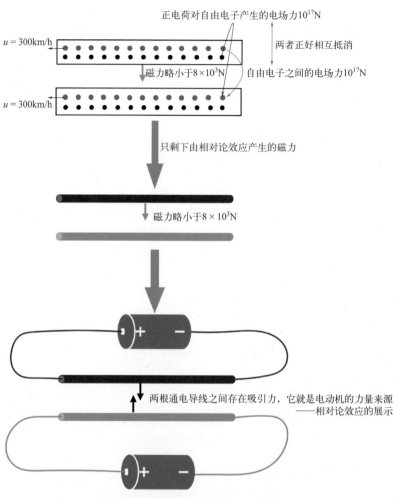

正电荷对自由电子产生的电场力10^{17}N

两者正好相互抵消

$u = 300\text{km/h}$

磁力略小于8×10^{3}N

自由电子之间的电场力10^{17}N

$u = 300\text{km/h}$

只剩下由相对论效应产生的磁力

磁力略小于8×10^{3}N

两根通电导线之间存在吸引力，它就是电动机的力量来源
——相对论效应的展示

图107　电动机的力量来源于狭义相对论效应

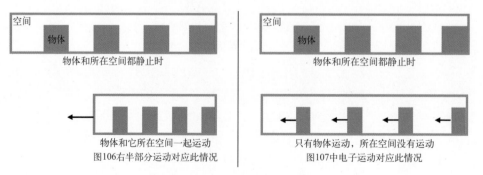

空间

物体

物体和所在空间都静止时

空间

物体

物体和所在空间都静止时

物体和它所在空间一起运动
图106右半部分运动对应此情况

只有物体运动，所在空间没有运动
图107中电子运动对应此情况

图108　两种运动方式之间的区别

相对论的世界浮出水面

　　所以，在电磁现象中，即使对于低速运动的观测者而言，狭义相对论的效应也不再像在其他现象中那样极其微小而被忽略，从而使得相对论存在的线索开始通过电磁现象暴露出来了。

　　从十九世纪二十年代开始，我们就已经能够在实验室测量到这些相对论效应。比如前面提到的奥斯特和法拉第的发现。到了十九世纪后期，描述电磁现象的电磁学理论已经基本完善成熟（图109）。从这个成熟的电磁学理论中，物理学家已经慢慢开始发现，电磁学中的这些相对论效应（当时的物理学家们还不知道这些现象本质上就是相对论效应）表现出了一种与牛顿力学完全不同的特点，甚至存在矛盾的地方。少部分具有敏锐"嗅觉"能力的物理学家已经开始着手解决这些矛盾。只是他们在最开始可能也没有想到这将揭开整个物理学新的一页。

图109　电磁学诞生的过程就是狭义相对论效应暴露的过程

　　总之，在以上列举的这些电磁现象中，相对论的效应早已经非常明显地展示在我们面前了。如果没有相对论所带来的这些效应，那么所有电磁现象都将消失，只剩下电荷之间的库仑力❶。当时的人们还无法洞察出这些电磁现象背后所隐藏的真相。但这些相对论效应是如此之明显，从而随着电磁场理论的成熟，这些真相被人发现只是时间早晚的问题了。这是因为物理学再次发生革命的时机已经完全成熟。

自牛顿以来，人类对未知世界探索所取得的知识，在两百多年之后又积累到了一个临界点，它即将点燃人类思想的又一个闪耀时刻。这种由历史所酝酿出来的不可多得的、稍纵即逝的机遇一旦降临到某个单独的个体头上，为其所带来的成就，是不可估量的。对于这种级别的成就，不只是依赖于个人的努力，还有一定的历史机遇。这一次，一位名叫爱因斯坦的专利局普通年轻职员，不早不晚，正好撞上了幸运之神所射出的幸运之箭。下面就来看看，这位后来被称为天才的年轻人，如何破解电磁现象背后所隐藏的这些真相。

---

❶ 得出此结论最直接的方式是把理论中的光速值趋于无穷大，这相当于将相对论效应去掉。

第 12 章
光速不变
——相对论效应最重要的表现

当我们追逐一束光时，这束光的波动幅度看上去会变小，波长会变长。

正如上一章所展示的那样，在电磁现象中，相对论产生的效应已经在肉眼可见的程度被感知到了。不过在当时，大家并没有意识到这些效应所产生的现象与在牛顿力学世界里所了解的现象有什么本质区别。但就在不久之后，在这些电磁现象中，还是有一个由相对论效应所产生的现象引起了大家的注意，因为这个现象与牛顿力学有着明显的矛盾。这个现象就是光的传播速度与观测者的速度无关，即光速是不变的。

　　早在1873年，当麦克斯韦将积聚了像安培、法拉第、韦伯、开尔文等无数天才智慧而提炼出来的电磁场理论汇总在《电磁通论》这部名著中时，光速不变就已经天然地成了电磁场理论可以直接推导出来的一个结论。到了1887年，迈克尔逊和莫雷更是通过实验直接证实了光速不变的结论（图110）。

迈克尔逊-莫雷实验
直接验证了光速不变的结论

图110　在1887年，光速不变被实验严格证实

　　所以，到了十九世纪下半叶，光速不变已经成为物理学家熟悉的结论。但越来越多的物理学家开始发现，根本无法将这个结论融入牛顿力学的理论体系，而且有少部分物理学家已经嗅到整个事情正在变得越来越糟糕。牛顿力学的理论体系大厦已经被这个结论撞击得摇摇欲坠。慢慢地，一个与牛顿力学明显不同的世界逐步呈现出来了。从此以后，人类对这个世界有了全新的看法。

　　接下来，本书将不像其他科普书那样从历史发展的角度进行说明，而是直接采用狭义相对论产生的效应来解释说明：光速不变这个结论到底如何改变了我们对这个世界的看法。

爱因斯坦当年的追光问题

就像水的振动可以形成水波一样，电场和磁场"振动"起来也可以形成一种波动。这种波动就是电磁波，而光就是电磁波的一种。比如当一束光从静止的张三面前飞过时，在张三看来，这束电磁波（即这束光）中的电场和磁场的振动形状如图111所示。

图111中红色箭头代表磁场，它在前后方向振动；蓝色箭头代表电场，它在上下方向振动；传播方向为从左向右。电场、磁场和传播方向三者之间正好两两相互垂直。电场在传播过程中不断周期性地减弱（由蓝色短箭头表示）和增强（由蓝色长箭头表示），即表现为振动。磁场也是如此振动。电场的最大值（由最长蓝色箭头表示）称为波幅。波幅越大，这束光的能量就越大。

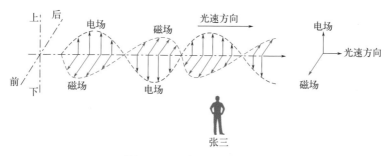

图111 一束电磁波的形状

如果坐在300km/h高铁上的李四正在沿着这束电磁波传播的方向行驶，也就是正在追逐着这束电磁波，那么李四看见的这束电磁波又是什么样子呢？这就是所谓的追光问题，如图112所示。据说爱因斯坦在16岁的时候就思考过这个追光问题。现在回过头来看，这个追光问题的确是无比关键，因为对这个问题进行不断思考和追问就可以找到通往狭义相对论大门的钥匙。

超一流理论物理学家第一重要的职业能力就是在科研探索过程中，从摆在他面前的大量未知问题中找出那个真正的问题。这样的问题可称为"**报信问题**"。它需要具备两个标准：一个标准是此问题正好隐藏着通往正在探索的未知世界的钥匙，它是还未发现的新物理规律在旧理论框架中暴露出的反常，而不是来自各种干扰因素的反常；另外一个标准是解决此问题所需的知识积累已经成熟，包括数学工具已经成熟。

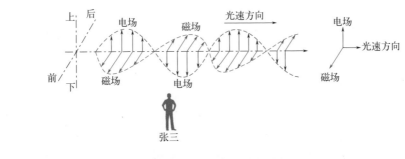

图112　追光问题

　　这个追光问题就是代表这种报信问题的最完美例子。只是现在已经无法考证，善于捕捉问题的爱因斯坦在16岁时对此问题的思考和探索达到了什么样的深度。毕竟当时是在黑暗中摸索，还完全不知道出路在何方，而且还需要冲破大量传统惯性思维的束缚，所以思考的难度是难以想象的。当然用今天的视角再来思考这个问题，我们就发现整个事情变得极其清晰又简单。下面就来详细说明一下，利用第11章的相关结论，高铁上的李四看到的电磁波到底会发生什么样的改变。

相对论效应产生的必然结果：存在一个极限速度

　　首先，根据第11章谈到过的相对论效应，电场和磁场都是相对的。具体来说，李四会发现这束电磁波中会多出一部分电场和磁场，即图113中绿色箭头所代表的电场和磁场。

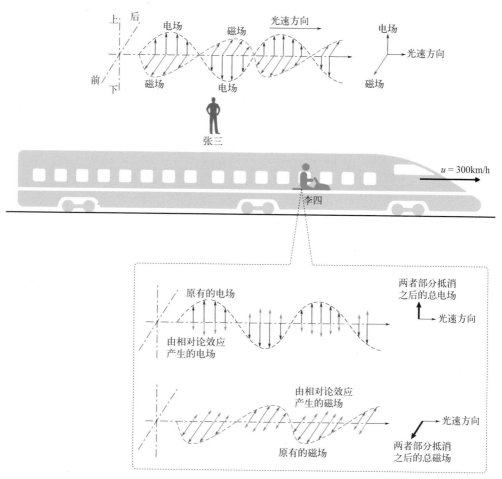

图113　李四运动之后，电场和磁场出现的相对论效应

这些绿色箭头所代表的电场和磁场会部分抵消电磁波中原有的电场和磁场，从而导致电磁波中的总电场和总磁场都减小了，进一步导致电磁波的波动幅度减小了。这就是高铁上的李四所看到的最大改变。并且，这个改变无法采用牛顿力学来解释，也就是直接暴露了牛顿力学的无能为力之处。这就是追光问题如此重要的原因。

另外，由于多普勒效应，李四还会看到这束电磁波的波长会变长。但这种改变并不是电磁波所独有的，其他类型的波动也存在类似改变，比如声波也会存在类似改变。并且牛顿力学已经可以部分地解释这种改变了。

所以，追着这束电磁波的李四会发现，这束电磁波的波动幅度减小了，波长变长了。这就是追光问题的答案，如图114所示。

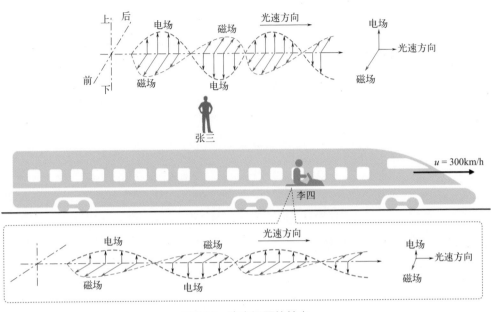

图114 追光问题的答案

李四的运动速度越快，这两种改变就越剧烈。也就是说，当李四以越快的速度追逐这束电磁波时，他会发现电磁波的波动幅度减小得越厉害，电磁波的波长变得越长。当李四的速度快到接近光速时，李四将会看到这束电磁波的波动幅度减小到趋于零，电磁波的波长趋于无限长，如图115所示。

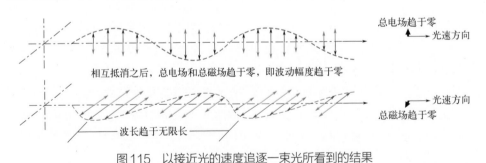

图115 以接近光的速度追逐一束光所看到的结果

由此就得到一个无比重要的发现，那就是：李四的运动速度只能无限接近光速，不能等于光速和超过光速。这是因为如果李四运动速度等于光速，那他将看到这束电磁波的波动幅度严格等于零❶，那么这束电磁波也就不存在了。如果李

---

❶ 若波动幅度等于零，那么电磁波的能量也就等于零了，这相当于在说电磁波的"静止能量"为零，也就是所谓的光子的静止质量为零。这是狭义相对论中的一个重要结论。

四运动速度超过光速，那他将看到这束电磁波的波动幅度的平方变为负数，这意味着这束电磁波的能量变为负，这显然是无法存在的。

第11章谈到，绿色箭头所代表的电场和磁场是由时空的相对性导致的，那么李四所看到的这些改变本质上也是由时空的相对性导致的。所以，李四的运动速度不能超过光速本质上也是由时空的相对性所导致的。

总之，第11章以及本章已经清晰地表明，时间和空间的相对性所产生的效应在电磁现象中已经以肉眼可见的程度完全暴露出来了。其中的光现象终于将暴露出来的这些相对论效应汇聚成一条明确的线索，一条足以让我们通过它反过来调查清楚时间和空间真实本性的线索。这条线索就是：时间和空间的本性不允许高铁、李四或者其他任何物体的运动速度超过光速。也就是大家现在都已经熟悉的一句话：运动速度存在一个极限，这个极限就是光速$c=3\times10^8\text{m/s}$。

相对论效应最重要的表现：光速不变现象

既然$c=3\times10^8\text{m/s}$是所有物体运动速度的极限，那么这当然也包括光本身。也就是说，光的速度也无法超过这个极限。比如，让这列速度为300km/h的高铁调转方向，沿相反的方向行驶，即背离光传播方向行驶，那么高铁上的李四看见这束光的传播速度保持不变，仍然等于速度$c=3\times10^8\text{m/s}$。这是因为这束光的速度已经达到极限，无法再快了。

所以，运动速度存在一个极限会导致这样一个结论：光的传播速度与观测者的速度无关。即不管是张三还是李四，他们测量出的光速都一样，即$c=3\times10^8\text{m/s}$。这个结论就称为**光速不变**（图116）。

光速不变——这条线索已经明确向我们展示出：时间和空间的真实本性与牛顿的时间和空间是直接矛盾的，而且是一种非常明显又无法回避的矛盾。

在牛顿定义的时间和空间（也就是大家在日常生活中所体验到的那种时间和空间）中，当高铁背离光传播方向行驶时，高铁上的李四测量出这束光的速度应该大于光速。就像我们在日常生活中测量图117中出租车的速度所得出的结论那样。假如一辆出租车的速度是80km/h，那么站在旁边的张三测量出这辆出租车的速度是80km/h。让高铁朝相反的方向行驶（假设高铁速度为300km/h），那么

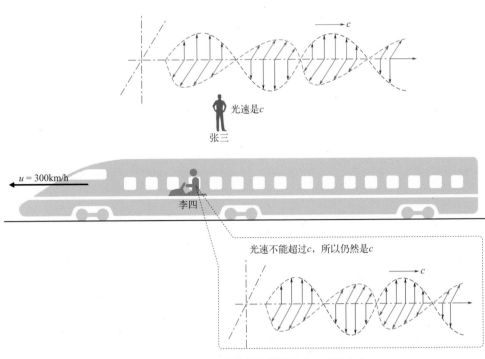

图116 狭义相对论效应的典型表现：光速不变

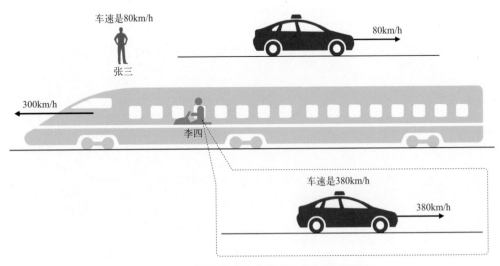

图117 不同的观测者会看到不同的运动速度

高铁上的李四会认为这辆出租车的速度是380km/h，即李四认为的出租车速度比张三认为的速度要快。但对于光的传播速度，类似结论不再成立，即高铁上的李四认为的光速不再比张三所认为的光速更快，而是一样快。

所以，光速不变的现象已经非常明显地向我们展示：真实的时间和空间并不是像我们日常生活所体验的那样。尽管在最开始，这是一个让人无法接受的结论，毕竟日常生活所体验的那种时间和空间的观念在人类大脑中已经停留了几十万年，从来没有人怀疑过它们的真实性。

不过，到了十九世纪末，光速不变的现象已经被物理学家知晓了。并且像洛伦兹这样的学术界大佬，已经开始意识到需要重新定义时间和空间来解释这个现象，而且也得到了重新定义之后的数学表达式。但是，日常生活体验通过几十万年在人类大脑中留下的痕迹实在太深了，以至于洛伦兹仍然认为这种重新定义的时间和空间只在数学上存在，而在真实世界中并不存在。当然，我们今天都知道是爱因斯坦第一个接受了这种重新定义的时间和空间就是真实世界的时间和空间，而之前几十万年我们人类在日常生活中所体验的那种时间和空间只是一种错觉，并不是它们真实的模样。

那么，洛伦兹和爱因斯坦到底是如何重新定义时间和空间的呢？下一章来详细说明这一点。

第 **13** 章

每个人都有属于自己的时间和空间

——相对论的意义

把时空仅仅理解为时间＋空间是远远不够的，时空更像是由时间和空间这两种元素通过"化学反应"生成的新元素。

光速不变——爱因斯坦所采用的最关键线索

如何重新定义时间和空间，才能让高铁上的李四测量出这束电磁波的速度仍然等于光速c呢？在十九世纪末二十世纪初，对于在黑暗中摸索前进的物理学家而言，这是一个非常困难，而且需要摆脱大量传统思想束缚才能正确回答的问题。但到了今天，事后诸葛亮的我们已经很容易得到此问题的答案，比如采用下面的方法。

如图118所示，假设有一个激光源与一面镜子。在激光源旁边放置一块钟。站在旁边的张三利用这块钟测量出的时间记为t，张三自己携带的直尺测量出激光源与镜子之间的距离记为l。对于高铁上的李四而言，时间和空间都需要重新定义，所以为了区别张三的时间和空间，我们把李四利用高铁上放置的钟测量出的时间记为T，把李四利用高铁上的直尺测量出该激光源与镜子之间的距离记为L。

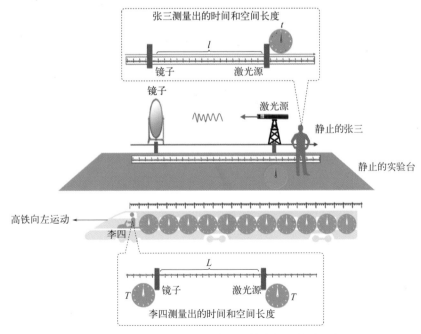

图118 采用时间和空间的相对性来解释光速不变

现在让激光源发射出一束激光，这束激光射向镜子之后被镜子反射回来，然后又被激光源接收到。那么，张三和李四对这束光的测量过程分别如图119和图120所示。

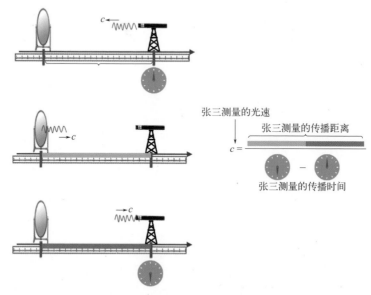

图119　张三对光速的测量过程

根据光速不变的结论，张三和李四采用各自的时钟和直尺测量出这束激光的速度都等于速度极限 c，即会出现下面结论。

$$\frac{张三测量的传播距离}{张三测量的传播时间} = c = \frac{李四测量的传播距离}{李四测量的传播时间}$$

但是，由于光速不变，高铁上的李四测量出这束光的传播距离，比张三测量出这束光的传播距离要多一些。也就是说，在李四看来，存在如下结论：

$$张三测量的传播距离 < 李四测量的传播距离$$

这就意味着，为了能呈现出光速不变的现象，时间和空间需要存在两个无比重要而深刻的性质。

① 对于同一件事情的发生过程（比如这束光的传播过程），李四测量出该过程的持续时间比张三测量出该过程的持续时间要长一些。也就是说，在李四看来，存在如下结论：

$$张三测量的传播时间 < 李四测量的传播时间$$

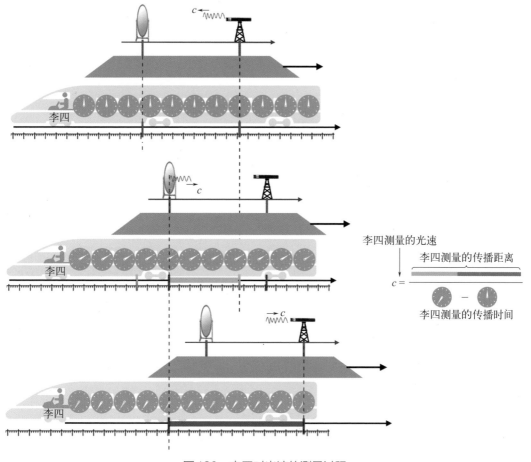

图120　李四对光速的测量过程

② 张三测量出的空间长度*l*在李四测量时会缩短为*L*。也就是说，在李四看来，存在如下结论：

张三测量的空间长度*l* ＞ 李四测量的空间长度*L*

这是因为只有这样，这两个性质所产生的效应才可以正好抵消多出来的那部分传播距离，从而使得光速表现为不变，即存在如下抵消过程（图121）。

时间和空间的这两个性质是我们之前从没想到过的。自从人类意识到时间的存在以来，我们早已习惯这样一种观点：同一件事情持续时间的长短对所有人都是一样的。现在，光速不变的结论让我们不得不放弃这种传统观点，让我们必须接受：李四的钟走的快慢和张三的钟走的快慢不再一样，每个人都有属于自己的时间流逝快慢。

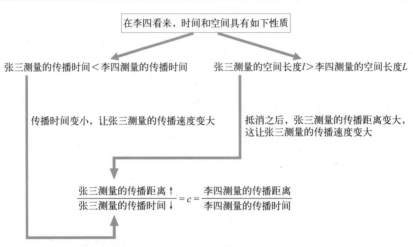

张三测量的传播距离＜李四测量的传播距离

抵消之前

$$\frac{张三测量的传播距离}{张三测量的传播时间} < \frac{李四测量的传播距离}{李四测量的传播时间}$$

在李四看来，时间和空间具有如下性质

张三测量的传播时间＜李四测量的传播时间　　张三测量的空间长度l＞李四测量的空间长度L

传播时间变小，让张三测量的传播速度变大　　抵消之后，张三测量的传播距离变大，这让张三测量的传播速度变大

$$\frac{张三测量的传播距离\uparrow}{张三测量的传播时间\downarrow} = c = \frac{李四测量的传播距离}{李四测量的传播时间}$$

图121　如何重新定义时间和空间来解释光速不变的现象

13.2

时间流逝快慢的相对性

　　根据图118的实验过程，通过严格计算，我们可以准确地知道李四的钟和张三的钟走的快慢是如何不一样的，详细计算过程参见《破解引力：广义相对论的诞生之路》第11章。这里只向大家展示计算出的结论，那就是：一块钟运动起来之后，它会走得更慢。这就是光速不变——这条最先暴露出来的线索向我们揭示出来的时间本性。

　　比如对于高铁上的李四来说，张三携带的钟就是运动的，那么李四会发现张三的钟会走得更慢。如果在李四的钟指向12:00的这个时刻，把张三的钟指针也拨到12:00，如图122上半部分所示。那么过了一段时间之后，李四的钟已经走到12:35了，但张三的钟此刻才走到12:30。即在李四看来，张三的钟走得更慢了，如图122下半部分所示。所以，对于**同一段时间流逝**，张三感觉时间只过了30分钟，而李四却感觉时间过了35分钟。当然，为了便于大家理解，这里把张三的钟走慢的程度严重夸大了。张三的钟实际走慢的程度大约只有一百万亿分之四，如图97所示。

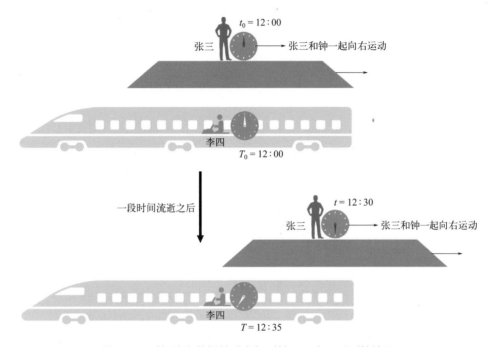

$t_0 = 12:00$

张三 → 张三和钟一起向右运动

李四

$T_0 = 12:00$

一段时间流逝之后

$t = 12:30$

张三 → 张三和钟一起向右运动

李四

$T = 12:35$

图122 时间流逝快慢的狭义相对性——李四看到的情况

这个结论最难以理解之处在于它反过来也是成立的。也就是说，在张三看来，李四携带的钟也变慢了，如图123所示。具体来说，在张三看来，李四携带的钟是运动的。如果在张三的钟指向12:00的这个时刻，把李四的钟指针也拨到12:00，如图123上半部分所示。那么过了一段时间之后，张三的钟已经走到12:35，但张三也会看到李四的钟此刻才走到12:30。即在张三看来，李四的钟也走得更慢了，如图123下半部分所示。

所以，张三会看到李四携带的钟变慢了，反过来，李四也会看到张三携带的钟变慢了。这明显和我们在生活中所采用的如下逻辑推理相矛盾，即如果A比B快，那么B就比A慢。如果采用这个逻辑，时间的这个相对性就是一个矛盾结论。在相对论提出的早期，的确有很多人是这样认为的，并且提出了著名的"双生子佯谬"来攻击这个矛盾。

成功破解这个逻辑矛盾的关键在于意识到：我们在生活中所采用的"如果A

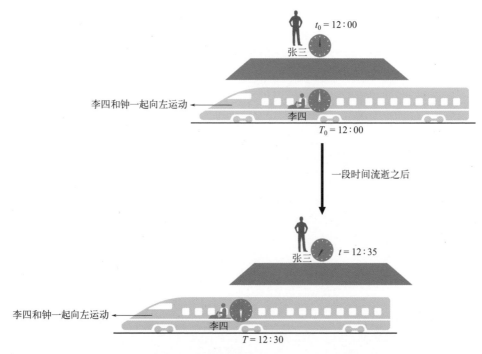

图123　时间流逝快慢的狭义相对性——张三看到的情况

比B快，那么B就比A慢"的逻辑推理中隐藏着一个极其关键的前提条件，那就是A和B需要是两个绝对孤立的、相互没有关联的对象。但在时间的这个相对性中，张三的时间和李四的时间都不再是两个绝对孤立的对象。这是因为张三的时间还与李四的空间有关，而李四的时间也与张三的空间有关。为什么会这样呢？稍后再来解释，我们需要先来解释一下空间本来的真实面貌，即空间的相对性。

13.3

空间长度的相对性

　　光速不变——这条最先暴露出来的线索还向我们揭示出空间的本性，那就是：一根细棒运动起来之后，该细棒的长度会变短。同样，详细计算过程参见《破解引力：广义相对论的诞生之路》第11章，这里只向大家展示计算出的结论。

　　比如，如图124所示，对于高铁上的李四来说，张三以及他所携带的细棒和直尺都在以相同速度向右运动。那么李四会发现张三所携带的这根细棒会变短。具体来说，假如张三采用他所携带的直尺测量出这根细棒的长度是70cm，那么李四采用他所携带的直尺测量出的长度却只有60cm。即李四会发现这根细棒变短了。当然，为了便于大家理解，这里也把细棒变短的程度严重夸大了，而变短的实际程度大约只有一百万亿分之四，如图98所示。

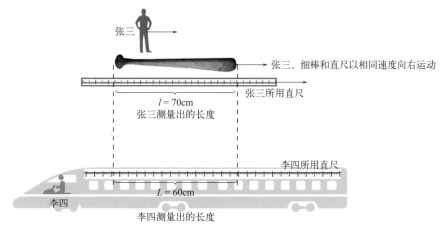

图124　空间长度的狭义相对性——李四的视角

同样，这个结论最难以理解之处在于它反过来也是成立的。也就是说，如果将此细棒交给李四携带，在张三看来，李四携带的细棒也变短了，如图125所示。具体来说，李四采用他所携带的直尺去测量他所携带的这根细棒时，测量结果是70cm，而张三采用他所携带的直尺去测量李四所携带的这根细棒时，他会发现此细棒的长度也只有60cm，即张三也会发现这根细棒变短了。

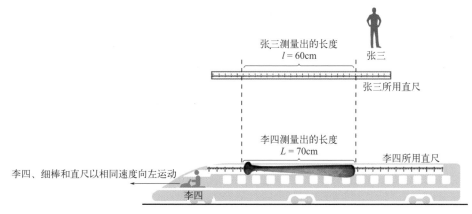

图125　空间长度的狭义相对性——张三的视角

所以，张三会看到李四携带的细棒变短了，反过来，李四也会看到张三携带的细棒变短了。这个结论更加违背了我们在生活中所采用的如下逻辑，即如果A比B长，那么B就应该比A短。同样，成功破解这个逻辑矛盾的关键在于意识到：在空间的这个相对性中，张三的空间和李四的空间都不再是两个绝对孤立的对象。这是因为张三的空间还与李四的时间有关，而李四的空间也与张三的时间有关。

这就是爱因斯坦有关时间和空间的崭新观点，时间和空间已经十分紧密地相互关联在一起了。比如张三的空间与李四的时间居然是有关联的，张三的时间与李四的空间居然也是有关联的，而且反过来也成立。与此形成鲜明对比的是，牛顿的时间和空间是两个毫无关联的独立个体，它们相互不影响，比如张三的空间与李四的时间是毫无关联的。因此，这种新观点显然是对传统观念的一次巨大颠覆。而且难以置信的是，这样千年一遇的认知颠覆竟然是由一位年仅26岁的专利局小职员一个人发现的。

那么，时间和空间为什么会相互关联呢？要想理解这一点，我们还需要了解与时间有关的另一种相对性，那就是同一个时刻的相对性。

13.4

同一个时刻的相对性

光速不变——这条最先暴露出来的线索还向我们揭示出了时间的另外一种本性，那就是当我们说出"同一个时刻"这句话时，我们必须指明这是对哪个观测者而言的。

如图126所示，如果两束闪电在张三两侧同时出现，比如在12:30同时出现。那么静止的张三就可以将左边红色闪电出现的时刻，与右边绿色闪电出现的时刻称为同一个时刻，该同一时刻就是12:30这个时刻。

但是，张三所认为的这个同一时刻只有对他而言才是存在的，对于高铁上的李四来说，该同一个时刻并不存在。这是因为在高铁上的李四看来，左边红色闪电和右边绿色闪电会在不同时刻出现，如图127所示。该结论的推导过程见附录1。

假设对于李四，左边红色闪电在12:20出现，那右边绿色闪电并不会在同一

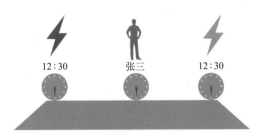

图126　张三看见两束闪电在同一个时刻出现

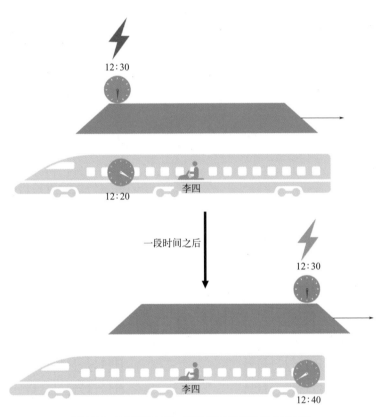

图127　对李四来说，两束闪电在不同时刻出现

个时刻立即出现，而是在过了一段时间之后的12:40才出现。所以，张三所认为的"同一个时刻"在李四看来却是两个完全不同的时刻。这就是同一个时刻的相对性。当然，为了便于大家理解，这里把李四所认为的这两个时刻之间的差距（即12:20与12:40之间的差距）严重夸大了，实际差距也只有一百万亿分之一的数量级。

这种相对性意味着张三的12:30与李四的12:30并不代表同一个时刻，所以每个人都有属于自己的时刻标准，如图128所示。如果只是单纯地说出会议在12:30召开，那么这个时间点是不明确的，因为李四的12:30是另外一个完全不同的时刻了。所以，我们在说出一个时刻的时候，必须指明这个时刻是相对谁而言的。只有这样，这个时刻才是明确的。

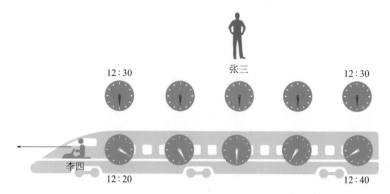

图128　同一个时刻的狭义相对性（差别被严重夸大）

不过，我们的日常生活并没有被每个人不同的时刻标准打乱。这是因为每个人的相对运动速度都很慢，从而每个人的时刻标准之间的差别非常微小，微小到还不足一百万亿分之一，如图129所示。这样微小的差别让我们误以为每个人的时刻标准都是一样的，即让我们产生了这样的错觉：每个人的12:30都正好代表同一个时刻。当然，我们在日常生活中也是这样误会的，而且这种错误观点也是牛顿绝对时间观的一部分。

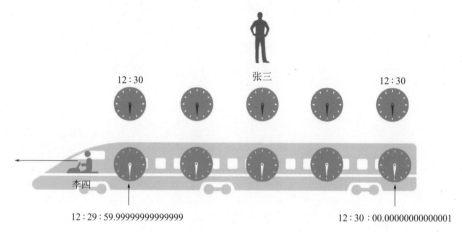

图129　同一个时刻的狭义相对性，在日常生活中的实际差别

尽管同一个时刻的相对性是一条与时间有关的性质，但它却深深地改变了我们对空间的理解，导致整个空间都是相对的。

整个空间都是相对的

当提到一个空间的时候，比如提到一根细棒（相当于一维空间）的时候，我们实际上采用了一个默认条件，那就是这根细棒上每个部位（即此空间的每个位置）都处于同一个时刻❶，如图130所示。当然，在牛顿的绝对时间观之下，也就是在日常生活所理解的时间观之下，这个默认条件是天然存在的。所以这个默认条件的重要性从来没有引起过我们的注意。

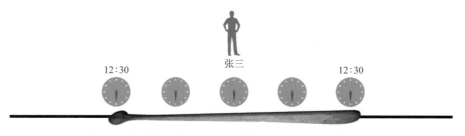

图130　每个位置处于同一个时刻（采用张三的时刻标准）

但是，在爱因斯坦的新时间观之下，由于同一个时刻是相对的（即不同观测者有不同答案），那么这个默认条件不再是天然成立的。它只对某些观测者才成立，对其他观测者不再成立。这就导致了一个非常重大而深刻的改变，那就是整个空间都是相对的，不同观测者所使用的空间是完全不同的。

下面采用细棒的例子详细说明这一结论。假如将图131中的细棒拿到高铁上去，并将这根细棒分为5段，如图131所示。那么，当张三在12:30看到这根细棒时，张三仍然已经采用了这样的默认条件，那就是细棒的每一段都处于12:30这个时刻（这个12:30是张三携带的钟的时间，即张三的时刻标准）。

但是，细棒的每一段对于李四来说却处于不同的时刻。比如说，细棒最左边

---

❶ 在广义相对论中，即在更一般的引力场中，这个默认条件不一定能够得到满足，因而我们不得不放松空间的定义才能得到一个空间。

一段对于李四来说处于12:20（这个12:20是李四携带的钟的时间，即李四的时刻标准），细棒最右边一段对于李四来说则处于12:40（也是李四的时刻标准），如图131所示。因此，图131中的张三所认为的细棒是由李四所认为的、处于不同时刻的各段细棒片段"重新组装"在一起构成的。

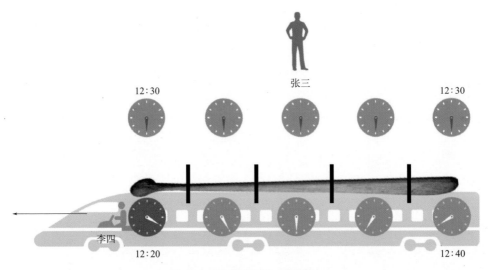

图131　张三看到的一根细棒

利用时空图可以更加直观地看出这个结论的意思。采用高铁上的直尺（即李四的直尺）作为横坐标，高铁上某个位置的钟（比如李四携带的钟）显示的时间流逝过程作为纵坐标，由这两个坐标组成的二维面就是时空图，如图132（a）所示。

对于李四来说，处于不同时刻的空间片段分别由图中5种颜色的线段来表示。比如最左边的绿色线段代表李四在12:20时刻所认为的一段空间片段；最右边的黑色线段代表李四在12:40时刻所认为的一段空间片段。那么，将这5种颜色代表的不同时刻的空间片段"组装"在一起，就得到了张三所认为的细棒，它就是张三认为的一维空间。

这个组装过程如图132（b）所示。组装所用"原材料"除了李四在不同时刻所认为的空间片段之外，还有李四的时间。也就是说，这个组装过程让张三空间的"组成成分"包含了李四的时间。所以，这个组装过程清晰地表明：张三认为的空间与李四认为的空间并不是同一个对象。每个人都有属于自己的空间，即整个空间都是相对的。另外，这个组装过程也是13.3节谈到的"张三的空间还与李四的时间有关"这句话的含义。

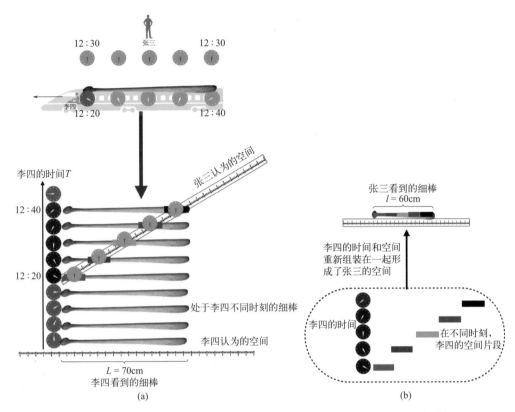

图132　整个空间的相对性——张三的空间和李四的空间并不是同一个对象

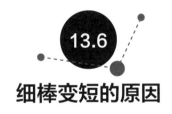

细棒变短的原因

在图132所示的例子中，细棒静止放在高铁上。高铁上的李四测量出该细棒长度为70cm。由于高铁载着细棒在运动，那么站在地面的张三测量出该运动细棒的长度只有60cm。也就是对于张三来说，该细棒变短了，60cm也可以称为这根细棒看上去的长度，而70cm可以称为它的实际长度或真实长度。

这种变短并不是由于细棒的内部结构发生了什么改变而造成的，而是由张三所认为的空间与李四所认为的空间不再相同造成的。也就是说，张三所认为的细棒与李四所认为的细棒并不是同一根细棒。

图132（b）所示的组装过程清晰地说明了这一结论。具体来说，张三所认为的细棒是由李四在过去、现在以及未来所认为的细棒组装出来的。另外，在组装过程中还加入了一种"原材料"，即李四的时间。

而且，该结论反过来也是成立的。也就是说，当细棒由张三携带时，李四所认为的细棒也是由张三在过去、现在以及未来所认为的细棒组装出来的。在组装过程中也加入了一种"原材料"，即张三的时间。

也正是由于这个组装过程，"张三看到李四携带的细棒变短，反过来，李四也看到张三携带的细棒变短"并不矛盾。

时间流逝变慢的原因

对于时间来说，类似的结论也是成立的，即张三所认为的时间也是由李四的时间和空间重新组装在一起形成的。

如图133所示，在李四看来，张三是运动的。所以在李四看来，张三的钟在消耗时间流逝的同时，还消耗着空间流逝（即张三的钟在空间中运动了一段距离）。它们分别由图133中绿色线段和蓝色线段所代表。而李四自身只在消耗时间流逝，并没有消耗空间流逝（即李四是静止的）。

绿色线段代表的时间流逝和蓝色线段代表的空间流逝重新组装之后，可以形成一段不同的时间间隔。而这段时间间隔正是张三自己体验到的时间，即图133中红色线段所代表的长度。

所以，在这个重新组装过程中，李四和张三只是经历了一段共同的时间流逝，但张三所体验到的时间间隔已经不再相同了。这是因为张三所体验到的时间间隔是重新组装出来的。这种不相同的一个表现方式就是：张三所体验到的时间间隔比李四体验到的时间间隔更短，即图133中红色线段比绿色线段更短。这就是运动钟的时间会变慢的原因。

第4.1节解释过，同一段时间流逝是指张三和李四的时间开始于同一个时刻，也结束于同一个时刻；同一段时间间隔是指一段时间开始于相同的事件（或在相同时空点开始），也结束于相同的事件（或在相同时空点结束）。所以，张三和李

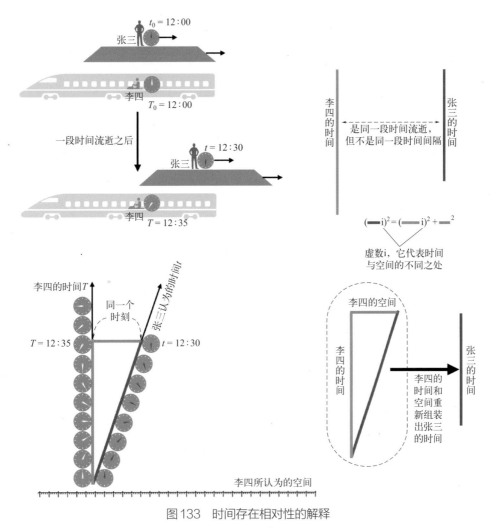

图133　时间存在相对性的解释

四各自体验到的这段时间只是属于同一段时间流逝，并不属于同一段时间间隔。

　　利用图133所示的时空图，我们可以更清晰地看出同一段时间流逝与同一段时间间隔的这种区别。当钟存在运动的时候，一段时间流逝和一段时间间隔就分离成两个完全不同的对象了。具体来说，红色线段就是张三体验到的一段时间间隔。但对于李四而言，这段时间间隔并不属于他。李四体验到的只是这段时间间隔所对应的一种时间流逝，即图133中绿色线段所代表的时间。当然，从图133也可以明显看到，一段时间的含义会出现这种分离的根本原因在于时空——这个整体的存在。

　　正是由于同一段时间含义的这种分离，13.2节谈到的结论"张三看到李四携

143

带的钟变慢，反过来，李四也看到张三携带的钟变慢"并不产生任何矛盾。大家之所以会误以为存在矛盾，就在于我们误以为张三和李四各自体验到的时间是属于同一段时间间隔。但刚刚已经分析过，张三和李四各自所经历的时间只是属于同一段时间流逝，却属于不同的时间间隔了。所以，双生子佯谬的问题并不存在。

相对论发现的最重要对象——时空

从前面两节谈到的重新组装过程可以非常清晰地看到：时间和空间已经深深地相互关联在一起，它们无法单独存在。离开了时间，我们根本无法确定空间，因为采用不同的时刻标准可以得到不同的空间，如图132所示；离开了空间，我们也根本无法确定时间，因为必须指明12:30是张三空间的时刻还是李四空间的时刻，12:30这个时刻才是明确的，如图128所示。

时间和空间不再像牛顿所说的那样可以各自独立地、互不干涉地存在。因此，这个重新组装过程将时间和空间融合成了一个整体，这个整体有一个大家熟悉的名字——时空，如图134所示。

另外，尽管每个人都有属于自己的时间和空间，但所有人拥有的时空却是完全相同的，即时空是绝对的，只有一个。比如根据图132和图133的解释，张三的时空图和李四的时空图就是同一个，如图134所示。张三和李四的不同之处体现在他们采用了不同的时间轴和空间轴，这就表现为张三和李四各自拥有属于自己的时间和空间。

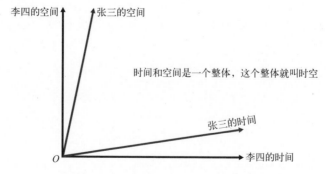

图134 时间和空间是一个整体——从李四视角绘制出的时空图

时空是整个狭义相对论最重要的发现和最核心的对象。它是一个全新的对象，一个在我们之前的观念系统中从来没有存在过的新对象。同时，它也是最难理解的一个概念。这个重新组装过程就非常清晰地表明：把时空仅仅理解为时间＋空间是远远不够的，时空更像是由时间和空间这两种元素通过"化学反应"生成的新元素。

比如说，图134是以李四的视角去绘制出的时空图，从张三的视角出发绘制出的时空图则如图135所示。尽管图134和图135看上去好像不太一样，但它们却是同一个时空，没有任何区别。

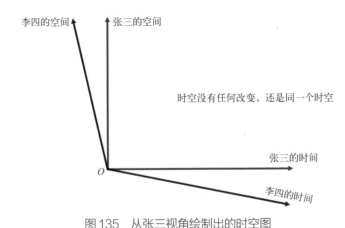

图135 从张三视角绘制出的时空图

尽管时间与空间可以相互混合在一起成为一个整体，但还是不能将它们完全混为一谈，因为时间与空间毕竟还是存在本质区别的。比如已经消失的时间就永远无法再挽回了；再比如时间还存在过去、现在和未来。描述时间与空间这种本质区别的几何语言（非物理语言）正是光锥结构。

13.9
时空的光锥结构

那么，什么又是光锥结构呢？在任何一个时刻，一个物体只能在一个空间位置出现。而这个时刻和此时刻的这个空间位置可以由时空图中的一个点来代表，比如图136中的一颗苹果。当时间流逝之后，上一个时刻已经一去不复还，即代表上一个时刻的时空点已经成为历史。苹果已经无法回到上一个时空点，不得不处于代表下一个时刻的时空点，并且只能处于图136中蓝色区域的时空点。所以，蓝色区域代表着这颗苹果在未来所有的可能性。那么，与蓝色区域相反的区域就代表这颗苹果在过去所有的可能性。剩下的两块区域就代表现在——这个对象所有可能的存在方式。

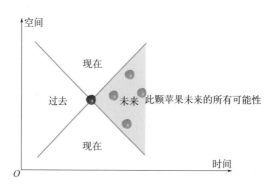

图136　时间的特性如何在时空中表现出来

　　划分过去、现在和未来的边界就称为光锥。它可以通过下面方式得到。从苹果所在位置朝上、下两个空间方向发射两束光（图136时空图的空间只有一维，所以只需朝上、下两个方向发射），那么这两束光在时空图中留下的痕迹就是图中旋转了90°的十字叉。这个十字叉就是光锥。如果时空图中的空间是二维的，它的形状就是一个锥体。

　　光锥让时空成为一种独特的存在。例如光锥里面一条线段长度的平方是小于零的，图137中黄色线段的平方就是小于零的，正是平方小于零这个性质让时间区别于空间，也就是让代表时间的黄色时空段区别于代表空间的绿色时空段。或者说，在时空图中，一段时空更倾向于表现出时间的性质，还是更倾向于表现出空间的性质，就看这段时空的平方是小于零还是大于零。每个时空点都存在这样一个光锥。也就是说，整个时空图都分布着这样的光锥结构。

　　当光锥不发生变形，光锥开口都朝向同一个方向的时候，光速就表现为不变。即对于同一束光，不同地点、不同运动速度的观测者测量到的速度都是一样的。当然，所有光锥的开口也可以朝向不同方向，光锥形状甚至还可以发生变形。这些都发生在时空弯曲的时候。

　　由于光锥结构代表着时间的本性，所以光锥形状一旦发生变形或其他改变，那么时间的本性也就会随之发生改变。比如在地球周围，时间流逝快慢的不均匀性，正是光锥结构发生变形的一种表现方式，如图138（a）所示。在越靠近地

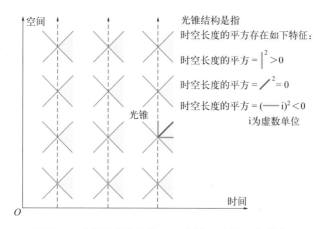

图137　时空的光锥结构——光速不变就是它的表现

球的区域，光锥变得越扁。这代表在越靠近地球的区域，时间流逝得越慢。时间流逝变慢表现出来的现象就是所有运动过程都变慢了。这当然也包括光的传播过程，所以越靠近地球，光速越慢。

　　越靠近地球，光锥的这种变形就越厉害。同时，我们早已经知道，越靠近地球，重力就变得越强。也就是说，重力和光锥的这种变形是同时出现的。那么，如果能解释光锥为什么发生这样的变形，那么我们也就解释了重力为什么存在。对于光锥为什么会变形的问题，我们需要借助让爱因斯坦感到最快乐的灵感——等效原理来理解，最后两章将对此详细说明。

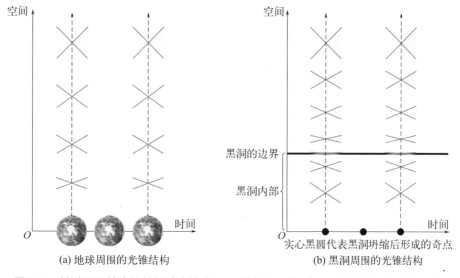

图138　地球周围的光锥结构（光锥变形程度被严重夸大）和是黑洞周围的光锥结构

147

另外，在黑洞附近，时间流逝变慢将达到极限，光速也将变慢到极限，即运动速度变为零，光锥的变形同样也将达到极限，如图138（b）所示。而且在黑洞内部，径向空间方向将变为时间流逝的方向，即时间和空间互换了。不过需要注意的是，这些结论都是相对于无穷远处观测者而言的。至于时间和空间为什么会出现互换，最后一章会给出解释。

狭义相对性存在的根源——两个常见误解的澄清

一些科普资料中有这样一种观点，即认为是光速不变（这个被爱因斯坦抬高为光速不变原理的假设）导致了时间和空间存在相对性。

但这个认识方式其实颠倒了其中的因果顺序。实际情况应该是时间和空间先具有了相对性，然后，这些相对性通过光速表现出来的效应就是光速不变。除了表现为光速不变之外，时间和空间的这些相对性还可以表现为其他非常多的效应，比如运动物体的质量会增加、质能方程、运动的力会变小、运动的电场周围会出现磁场、运动的磁场周围会出现电场等等这些效应。而光速不变只是这些效应当中的一个而已。不能仅仅因为光速不变这种效应最先被我们观测到，并引起了我们的警觉，从而让爱因斯坦把它作为探索相对论的一条线索，进而就认为它是所有这一切狭义相对论效应存在的根源。

一切狭义相对论效应存在的真正根源只有一个，那就是：时间和空间是一个整体，即时空的存在（图139）。而光速不变现象只不过是时空具有光锥结构的一种表现方式而已。而且，广义相对论效应最终也来自这个根源，最后一章会谈到这一点。

所以，只要时空这个整体以及它的光锥结构仍然存在，相对论就没有被破坏。即使存在超光速现象也是这样。比如星系的退行速度就可以超过光速，但它并没有违反和破坏相对论。这是第二个值得澄清的地方，解释说明如下。

宇宙空间自身正在不断膨胀。这导致周围星系不断远离我们，这种现象称为星系退行。星系离我们越远，那么它们离开我们的速度就越大。所以只要星系离我们足够远，那么星系离开我们的速度就一定会超过光速。这种超光速现象常常带来一种误解，那就是误以为狭义相对论的基本假设，即光速不变的假设被破坏

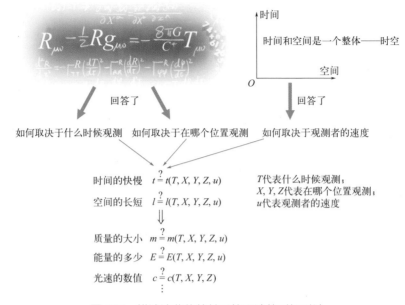

图139　描述这些依赖关系的理论就叫相对论

了，从而狭义相对论不再成立。

　　产生这种误解是没有意识到，由于宇宙空间不断膨胀，时空已经发生弯曲。从而导致光锥的形状和朝向已经发生了改变，如图140所示。假设一束光正好经

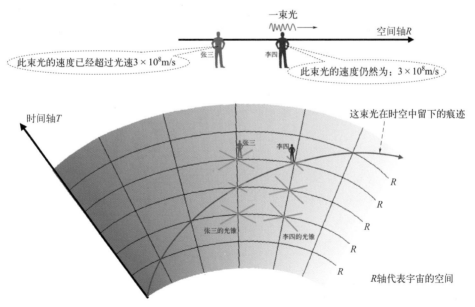

图140　行星退行速度超光速并没有破坏狭义相对论

过李四的位置，李四测量出此束光的速度为 3×10^8 m/s（即我们在实验室测量到的光速大小）。而张三距离李四很远，由于空间在不断膨胀，那么张三测量出这束光的速度会超过 3×10^8 m/s（即出现了超光速现象）。在时空图上，这个结果表现为张三的光锥和李四的光锥不再朝向同一个方向。

可是，张三所在位置的时空和光锥结构都依然存在，没有受到这个超光速结论的任何影响。所以对于张三而言，狭义相对论依旧存在，没有被破坏。

当然，不同位置的光锥朝向不同方向，这也伴随着时空发生了弯曲。另外，越靠近地球，光速越慢，这表现为图138中的光锥发生了变形，光锥的这种变形也伴随着时空发生的弯曲。所以在弯曲时空中，出现大于光速或小于光速的现象都是很正常的。

一种新时空观的诞生

就这样，对人类隐藏了上万年的相对论效应，终于通过电磁现象（一种让相对论效应最容易表现出来的现象）暴露了它们存在的痕迹。当初，那些最聪明的大脑，比如洛伦兹、庞加莱和爱因斯坦正是从这些痕迹中，洞察出背后所隐藏的秘密。那就是时间和空间是一个统一的整体，即时空的存在。这是一种全新的时空观，它才是时间和空间的真实模样。

然而，除电磁现象之外，相对论效应在日常生活中表现得非常微弱，以至于我们根本察觉不到它们存在的痕迹。这导致在电磁现象被陆续发现的十九世纪之前，整个人类最聪明的大脑即使耗尽其全部智力，也不可能思考出时间和空间的这个真实模样，进而只能使用时间和空间通过眼睛等知觉系统向我们呈现出的直观模样。

在爱因斯坦之前，这些直观模样在人类历史长河中已经发生过两次重大而根本性的变革（图141）。

第一次变革是由轴心时代的思想者们所铸造成的观念，比如由亚里士多德凝聚了前人思想而创立的、与物质紧密关联的空间观。这种空间观认为月亮之下的空间和月亮之上的空间是完全不同的，无法相互跨越。而且空间位置与物质紧密联系在一起。后面第15章将详细说明此空间观。

第二次变革是由近代哲学之父笛卡尔所开创的观念。这种观念被之后的牛顿发扬光大，成了今天常常被提及的牛顿时空观。经过现代教育体系的培育，我们在日常生活中已经毫无障碍地、天然地采用笛卡尔-牛顿的时空观去理解这个世界。

然而，1905年必将是一个被打上历史印记的年份，因为就在这一年，只经过了极其短暂（相对于前两次变革而言）的思想酝酿，人类对于时间和空间的理解就迎来了第三次变革。

亚里士多德的时空观
空间位置充满等级秩序；
空间位置与物质元素关联

笛卡尔-牛顿的时空观
时间和空间可以脱离物质存在；
时间可以脱离空间绝对存在；
空间可以脱离时间绝对存在

爱因斯坦的时空观
时间和空间是一个整体；
时空与物质存在相互关联

图141 时空观的演变过程

可是，这套由爱因斯坦揭示出来的崭新时空观已经不再符合我们的直觉，所以对当代人的日常生活并没有带来太大的冲击和改变。绝大多数人仍然按照牛顿的时空观去理解这个世界。但是，在物理学领域，爱因斯坦的时空观带来的冲击却是翻天覆地的，因为它才是时间和空间的本来模样，才是更真实的存在。而整个物理学又是建立在时间和空间这两个地基之上的。那么，时空的这些相对性必然导致其他物理量也具有相对性，比如能量、质量、力等概念，整个物理学都必须为之改写。接下来就谈一下爱因斯坦的时空观对能量概念的改写。

第 **14** 章

质能方程

——日常生活中无处不在发挥作用

质能方程不只在原子弹爆炸中才会被使用，实际上在你将一颗苹果捡起来的过程中，质能方程就在发挥作用了。

在第12章谈到过，由于相对论效应对电磁波中电场和磁场的改变，当高铁上的李四去追逐一束光的时候，李四会发现这束光的波动幅度变小了。一束光的波动幅度变小，这束光的能量也就随之变少，所以李四会发现这束光的能量变少了。反过来，如果高铁以相反的方向，也就是背离这束光行驶的时候，李四就会发现这束光的能量变多了。

但是，如果高铁既不追逐这束光，也不背离这束光行驶，而是取这两者的中间状态，即正好垂直于这束光行驶，那么对于高铁上的李四来说，这束光的能量是增加还是减少了呢？牛顿的答案是：能量既不增加也不减少。而爱因斯坦的答案是：能量仍然会增加，如图142所示。这就是光能量的狭义相对性。

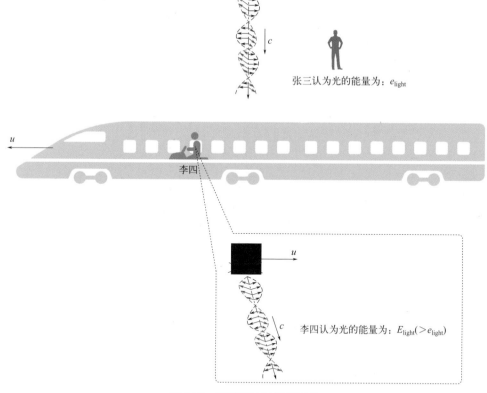

图142　光能量的狭义相对性

所以，对于这束光的能量问题，牛顿的时空观和爱因斯坦的时空观给出了不同答案，这就意味着之前从牛顿时空观发展出来的能量概念（比如动能）并不完全正确。这样一来，我们就需要对牛顿力学中的能量概念进行修正，从而让它符合爱因斯坦的时空观。另外，既然光能量的这种相对性本质上是由爱因斯坦的时空观所导致的，那么，这种相对性就不是光的能量所独有的一种性质，而是所有物体的能量都具有的一种性质。小到一颗苹果，大到一颗恒星都应该具有这种相对性。

14.1

一般能量的狭义相对性——质能方程

基于这两点思考，爱因斯坦开始将光能量的这个相对性推广到其他形式的能量。比如一个运动物体的动能，这种形式的能量是否也存在类似的相对性呢？

爱因斯坦对这个问题仅仅思考了3个月，然后就写出了一篇只有两页纸的论文。而就是这篇论文，给整个人类带来了巨大的影响，比如让二战提前结束的那两颗原子弹。这是因为就在这篇只有两页纸的论文中，爱因斯坦首次提出了今天大家都无比熟悉的质能方程 $E = mc^2$。其中 E 代表一个物体所蕴含的最大能量值，m 就代表该物体的质量，c 代表光速。附录2给出了爱因斯坦当初发现质能方程的推导过程的简化版本。

值得注意的是，爱因斯坦最初提出此质能方程的原意是指：一个物体所能蕴含的最大能量可以采用该物体的质量来度量。如果可以将物体能够蕴含的这个最大能量称为物体自身的能量，那么这个公式才表述为大家所熟悉的那句话：一个物体的能量等于它的质量乘以光速平方。

质能方程实际上将能量的概念修正为满足爱因斯坦的时空观了，因为利用这个质能方程，爱因斯坦发现所有形式的能量都具有类似于光能量那样的相对性。比如说，如果一颗苹果是静止的，那么它所蕴含的最大能量值为 $E = Mc^2$，其中 M 是该苹果静止时的质量。当这颗苹果运动起来之后，那么它所蕴含的最大能量值就会变为 $E = mc^2$，其中 m 是该苹果运动时的质量（图143）。

如果将动能定义为物体运动时所蕴含的总能量减去静止时所蕴含的总能量，那么这个修正之后的动能概念也满足爱因斯坦的时空观，即也具有狭义相对性。

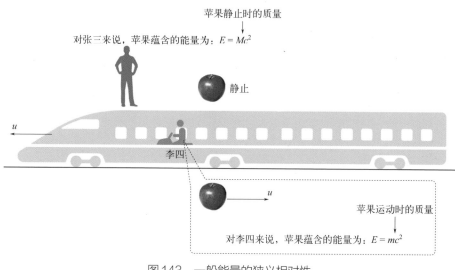

图143　一般能量的狭义相对性

质量的狭义相对性

从能量的这个狭义相对性可以清晰地看到，一个物体的质量也是具有类似的狭义相对性，如图144所示。

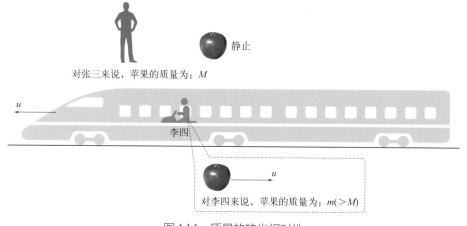

图144　质量的狭义相对性

当然，在日常生活中，苹果质量在运动之后的这个改变量是极其微小的。比如一颗苹果静止时的质量为100g，然后被以10m/s的速度扔出去，那么在空中飞行的这颗苹果的质量会增加约5.5×10^{-14}g，如图145所示。

如此微小的增加量在二十世纪之前的测量仪器上根本无法留下任何痕迹，所以二十世纪之前的人们从来没有想到过苹果质量在运动之后还会发生改变。这也让我们产生了一种错觉，那就是苹果的质量是绝对的。即不管这颗苹果是静止的还是运动的，不管它是由张三来测量，还是由李四来测量，该苹果的质量都等于100g。这就是牛顿力学一直采用的传统观点。

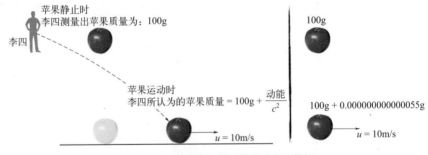

图145　一颗苹果质量的狭义相对性

可是，当人类的视野有机会进入微观世界的时候，日常生活体验给我们造成的这种错觉立马就被打破了。这是因为在微观世界，很多基本粒子都是以接近光速的速度运动着。比如当加速器把一个电子加速到0.5倍光速的时候，该电子的质量会增加到静止质量的1.15倍。如果把电子加速到0.9倍光速，该电子的质量会增加到静止质量的2.3倍。电子质量如此明显的增加已经不可能再被我们忽略了。

所以，在日常生活体验中根本无法察觉的相对论效应，在微观世界中又是根本无法忽略的。即便没有电磁现象把相对论效应提前暴露出来，过不了多久，我们也会发现时空的真实面貌——时间和空间存在相对性。这是因为从二十世纪开始，我们已经有越来越精细的设备可以"看到"微观世界的真实模样了。

另外，根据质量的这个相对性，当一个物体的速度接近于光速时，它的质量将趋于无穷大。那么，即使采用再大的力量，也无法继续让该物体加速了，也就是无论如何都不能将一个物体加速到超过光速。这个结论与光速是运动速度极限是一致的。

但非常值得注意的是，用"运动物体的质量会变大，从而无法一直加速"来解释光速是运动速度极限的原因，这也是一种误解，因为无论是运动物体的质量会变大，还是光速是运动速度极限，它们都是时间和空间存在相对性的表现。类似于其他相对论效应，它们都只不过也是一种相对论效应而已。时间和空间存在相对性才是这些相对论效应的原因，才是光速是运动速度极限的原因。

发生在我们身边的质能方程

　　人们常常有一种错误印象，那就是质能方程一般只会在像原子弹爆炸、太阳燃烧这样无比剧烈的现象中才会出现和被使用。但实际上，在日常生活中，质能方程发挥的作用也无处不在。比如就在你将一颗苹果从地面捡起来的过程中，质能方程就在发挥作用了。

　　根据苹果质量的广义相对性（第1章谈到过这种相对性），同一颗苹果的质量在不同高度是不一样的。比如当一颗苹果从3m的高度降到2m的高度之后，苹果的质量会增加约 1.1×10^{-14}g（图146）。

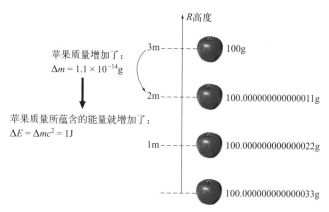

苹果质量增加了：
$\Delta m = 1.1 \times 10^{-14}$g

苹果质量所蕴含的能量就增加了：
$\Delta E = \Delta mc^2 = 1$J

R高度

3m —— 100g

2m —— 100.000000000000011g

1m —— 100.000000000000022g

100.000000000000033g

图146　一颗苹果质量的广义相对性

　　同样，如此微小的改变量根本不会引起我们的察觉。比如你去菜市场买水果的时候，你根本不会计较一颗苹果的质量到底是3m高度位置处的质量，还是2m高度位置处的质量。但根据质能方程 $\Delta E = \Delta mc^2$，苹果质量的这个极其微小的改变量在放大光速数值的平方倍之后，苹果的能量变化已经达到1J的数量级。

即2m处的苹果所蕴含的能量增加了1J。1J的能量已经完全达到我们能感知到的范围了。

很显然，这样的结论会引发出另外一个无比重要的问题。那就是增加的这1J能量来自哪里呢？或者说，增加的这1.1×10^{-14}g质量来自哪里呢（图147）？牛顿力学当然无法回答这个问题。

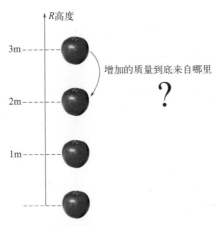

图147　质量的广义相对性引发了一个重要问题

面对这样一个与能量有关的问题，物理学家一般不会轻易放弃之前已经被验证过无数次的结论，比如能量守恒定律。根据能量守恒定律，能量既不会凭空产生，也不会凭空消失，它只会发生转移。所以，苹果增加的这1J能量必定是从其他形式的能量转移过来的。

根据牛顿力学已有的知识，在苹果从3m的位置掉到2m的位置过程中，有一种能量参与了，那就是苹果的势能。并且势能在此过程中恰恰减少了1J。但是，苹果增加的这1J能量不可能来自苹果势能减少的1J，因为苹果减少的这1J势能被外界吸收了（图148）。比如在水电站中，水从高处落到低处所释放的势能已经转化成了电能等。

来自势能的可能性被排除之后，我们还有其他的能量来源吗？考察这个问题的整个场景，物体只存在两个：一个是这颗苹果，另外一个就是我们的地球。那么，苹果增加的这些质量是否来自地球呢？答案仍然是不可能。

原因也很简单——引力是相互的。苹果处于地球的引力场中，地球反过来也处于苹果的引力场中。苹果靠近地球的过程也是地球靠近苹果的过程。在这个过程中，既然苹果的质量会增加，那么地球的质量也应该增加。因此，当苹果从3m高的位置降到2m高的位置之后，地球质量也增加了1.1×10^{-14}g，如图149所示。

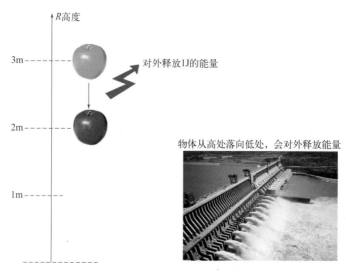

图148　苹果增加的质量不可能来自势能

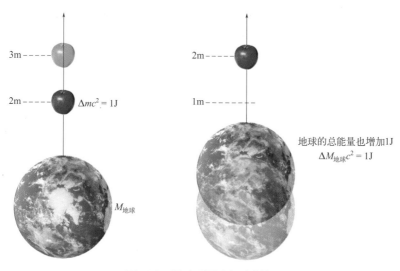

图149　地球质量也相应增加

　　就这样，苹果增加的质量来自地球的可能性也被排除了。这样一来，在由苹果和地球组成的这个系统中，能量来源只剩下一种可能性了，它就是由地球和苹果共同产生的引力场。而在广义相对论中，引力场已经被时空的弯曲所取代。因此，我们不得不接受这样一个之前绝对想不到的结论，那就是时空的弯曲也蕴含着能量。

　　总之，在苹果从3m位置降到2m位置的过程中，总共有4个对象发生了改变：①苹果的总能量增加了1J；②地球的总能量也增加了1J；③苹果和地球组成的这个系统对外释放了1J的势能；④由地球和苹果共同导致的时空弯曲产生了微小改变。

如果时空自身是蕴含着能量的，那么第4个改变过程，即时空弯曲的改变过程就是时空所蕴含能量的改变过程，如图150所示。也就是说，当把苹果从3m高度移动到2m高度的过程中，时空的弯曲会发生微小的改变。而正是这个微小的改变会从时空中提取出3J的能量。被提取出来的这3J能量被分成三份。第一份1J的能量聚集在苹果上，从而使苹果质量增加了1.1×10^{-14}g；第二份1J的能量聚集在地球上，从而使地球质量增加了1.1×10^{-14}g；第三份1J的能量以势能的方式释放出去了。

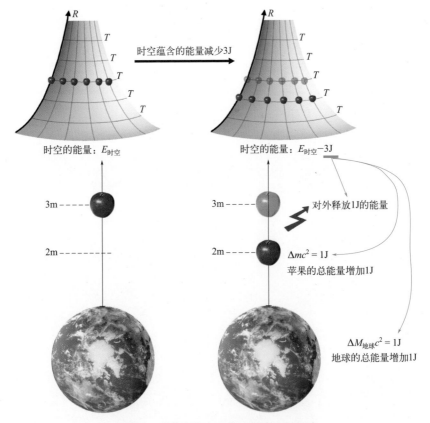

图150　质能方程在日常生活中无处不在

反过来，当把苹果从2m升高到3m高度的过程中，苹果质量减少了1.1×10^{-14}g，即苹果出现了质量亏损。根据质能方程，这些质量亏损会释放出1J的能量，而这1J的能量立刻就被重新填回到时空中去了。这个过程也告诉我们时空弯曲不仅会产生引力，而且弯曲的加剧还会从时空中释放出能量。

所以，在你把一颗苹果从地面上捡起来的过程中，爱因斯坦的质能方程 $\Delta E = \Delta mc^2$ 就已经在发挥作用了。也就是说在日常生活中，质能方程发挥的作用无处不在。

14.4

重新认识时空与物质之间的界限

以上这个结论实在是太重要了，因为它从根本上刷新了我们对于质量、势能、能量、时间和空间这些概念的认识。

第一，对于重力势能这种形式的能量，我们有了全新的认识。在牛顿力学中，势能只是被描述成一种与空间位置有关的能量。至于势能的来源和形成机制，牛顿力学无法回答这样的问题。但广义相对论对此给出了非常清晰的回答。那就是势能并不是一种独立的、新形式的能量，它只不过是存储在时空中的一种能量，或者说是引力场能量的一部分。由于这个原因，时空的能量常常也被称为势能。但这是不准确的，因为势能只是时空释放出能量的一部分，而不是全部。

第二，时空自身也是蕴含有能量的。但时空的能量无法直接测量，时空自身所拥有的能量也不能采用绝对值来衡量，只能采用相对值来衡量。比如说，如果把没有弯曲的时空（图151的左半部分）的能量规定为零，那么弯曲之后的时空（图151的右半部分）的能量就小于零，即时空的能量减少了。而时空减少的这些能量就以物质的质量和势能的形式表现出来了，从而被我们测量到。因此，我们实际上不需要知道时空所蕴含的总能量有多少，我们只需关心从时空中提取出多少能量就足够了。这就像海水一样，你并不需要知道整个大海有多少海水，你只需关心从大海中舀了多少瓢水就足够了。不过，海水存在被抽取枯竭的可能性，但时空自身蕴含的能量却似乎取之不尽，用之不竭。比如就在大家阅读这本书的时候，我们的宇宙都还在不停地从时空中抽取出能量，这些抽取出来的能量转变成了弥漫整个宇宙的暗能量。

时空自身真的蕴含着能量吗？能够回答这个问题的另外一个重要例子就是引

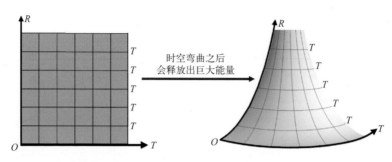

图151　星球附近时空的弯曲会释放出巨大的能量

力波。引力波的波动正是时空弯曲的周期性改变，而引力波当然是有能量的，那么引力波的这些能量就正好是弯曲时空自身具有能量的表现。

第三，物质与时空的弯曲之间是可以相互"转化"的。从图150所描述的过程中可以清晰地看到，当时空的弯曲发生改变之后，从时空中提取出的一部分能量是可以聚集成物质的，从而让物质的质量增加。比如聚集在苹果上，成了苹果物质的一部分。这个现象已经明确地告诉我们时空的弯曲是可以转化成物质的。这对我们来说是一个无比重要的结论，因为这个结论可以帮助我们回答宇宙诞生时的物质起源问题。在现代宇宙学中，宇宙诞生的最初阶段存在一个暴胀过程。在这个暴胀过程中，整个宇宙的时空弯曲程度会发生剧烈变化。正是这个剧烈变化过程释放出了巨大的能量，而这些巨大的能量随后聚集成了物质，从而使得宇宙中的物质诞生了，如图152所示。这些物质随后通过衰变形成了今天所知道的基本粒子。所以，你我身上的物质最开始都是来自时空在宇宙诞生时所发生的弯曲。

总之，以上这些结论让我们看到，世界的真实模样并不像我们之前所理解的那个样子。在牛顿力学之前所描述的世界中，时间、空间和质量这些概念都是相互独立的。它们之间是毫无关联的，各自都是以绝对的方式存在着。比如说，空间位置的改变并不会改变时间流逝的快慢，更不会改变一个物体质量的大小。我们以前对这些结论从来没有怀疑过，以为这些结论都是天经地义的。但是在广义相对论出现之后，我们的世界观从根本上被彻底改变了。时间、空间和质量这三者之间原来是如此深刻地相互影响和改变着彼此。比如说在弯曲时空中，空间位置改变了，那么时间流逝的快慢也改变了，同一个物体的质量也改变了。这就是我们的世界在广义相对论中的真实模样。

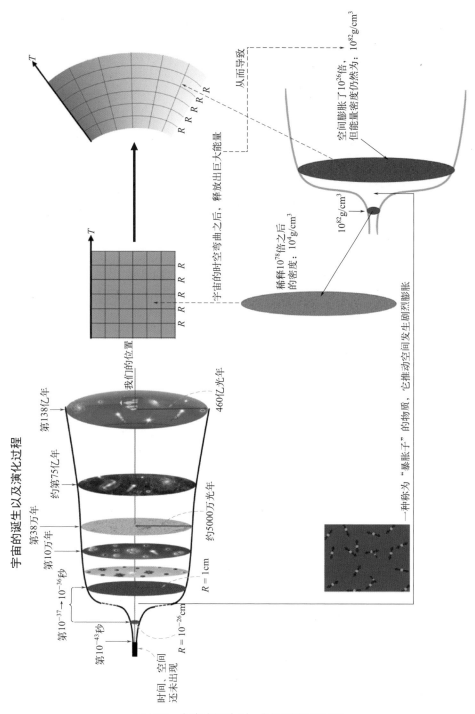

图152 在宇宙诞生时，物质的起源过程

第 **15** 章

爱因斯坦一生中
最快乐的思想
——等效原理

等效原理的本质思想是：重性只不过是一种惯性，即苹果的自由下落本质上只不过是地球存在情况下的一种惯性运动而已。

第15章　爱因斯坦一生中最快乐的思想——等效原理

在1920年，已经成为科学明星的爱因斯坦被邀请给《自然》杂志写一篇文章。在这篇文章中，爱因斯坦回忆了他是如何获得灵感，从而能够突破狭义相对论，开始进军广义相对论的。事情的经过大概是这样的，受《放射学与电子年鉴》编辑的邀请，爱因斯坦在1907年9月至12月写了一篇全面总结狭义相对论的论文❶。就在爱因斯坦坐在伯尔尼专利局办公室写作此论文的某个时候，一个灵感在他脑海中忽然闪现了。这个灵感就是：如果一个人从楼顶掉下来，处于自由下落的状态，那这个人就感觉不到重力了。"这是我一生中最快乐的思想"，爱因斯坦在这篇文章中这样回忆道。这个最快乐的思想后来被称为等效原理。

通常采用一个自由下落的电梯来阐述等效原理的思想。如图153所示，如果拉住电梯的钢索突然断掉了，电梯就会以自由落体的方式往下掉。那么站在电梯里面的我们，在这个掉落过程中就感觉不到重力的存在了。这种感觉就好像我们身处太空深处，不会感到任何重力一样。因此，在电梯内部的我们无法区别：我们到底身处自由下落的电梯中呢，还是处于太空深处呢？

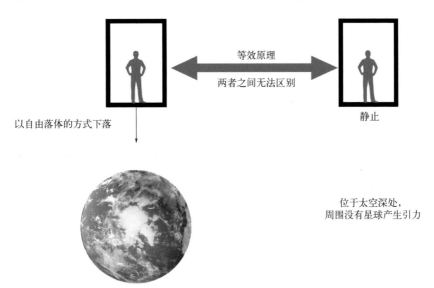

图153　等效原理

等效原理的这种解释方式也是爱因斯坦在1907年所写的那篇论文中所采用的表述方式，只是爱因斯坦并没有提到电梯而已。

---

❶ 这篇论文就是非常重要的《关于相对性原理和由此得出的结论》。正是在这篇论文中，爱因斯坦首次提出了等效原理，而且根据这个原理得出地球会让周围时间变慢的结论。

等效原理完全有资格担任"一生中最快乐的思想"，因为正是等效原理为爱因斯坦架起了一座从狭义相对论通往广义相对论的桥梁。正是通过这座桥梁，爱因斯坦的探索研究在1907年开始进入一个完全崭新的领域。然后经过不懈地艰苦尝试，在1915年底终于建立起了另外一座巍然大厦——广义相对论。爱因斯坦的这个探索过程也不是一帆风顺的，需要突破各种思想束缚，经历了7个转折点。相关探索过程的具体说明可参见《破解引力：广义相对论的诞生之路》一书。

狭义相对论到广义相对论的桥梁

从狭义相对论跨越到广义相对论的探索过程中，等效原理是以另外一种方式被使用的。如图154所示，地球上的电梯保持静止，而让太空深处的电梯向上加速运动。那么位于太空深处电梯里面的我们就会感受到一股类似于重力的作用。因此，在电梯内部的我们也是无法区别：我们到底是身处地球上静止的电梯里呢，还是身处太空深处加速运动的电梯里呢？

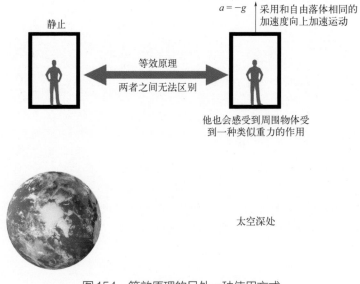

图154　等效原理的另外一种使用方式

也就是说，我们可以把一块在重力场中静止的钟，等效于一块在无重力场中加速运动的钟。反过来也成立，即我们也可以把一块在无重力场中加速运动的钟，等效于一块在重力场中静止的钟，如图155所示。

这样一来，等效原理就为我们计算重力场中时间的流逝快慢提供了路径。只要计算出无重力场中加速运动时钟的时间流逝快慢，那么这个时间的流逝快慢也就是重力场中时间的流逝快慢，如图155所示。

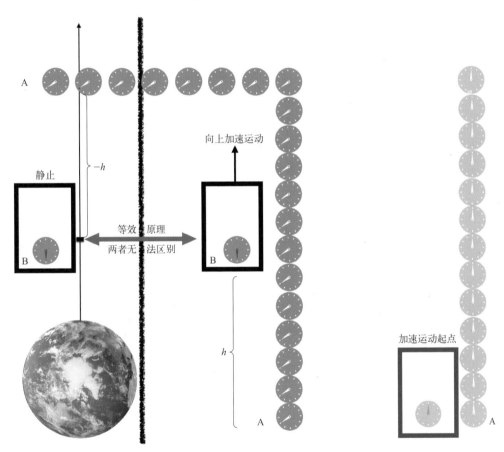

图155 利用等效原理推导时间广义相对性的思路

而且，这个计算思路也可以用来计算重力场对空间长度和物体质量产生的影响。计算出的结果就是前面谈到过的结论：在越靠近地球的位置，时间流逝越慢，空间真实长度越长，物体质量越大。也就是说它们都是相对空间位置而言，这种相对性就是广义相对性。这些结论的详细计算过程可参见《破解引力：广义相对论的诞生之路》第14、16、18章。

等效原理所蕴含的本质思想

不过，等效原理所蕴含思想远远没有图153所示的那么简单，其背后还隐藏着更为深层次的物理思想，那就是重性本质上是一种惯性。也就是说，苹果自由下落和行星运动本质上只不过是一种惯性运动而已，并不是万有引力导致的。

当第一次看到这种观点的时候，你也许会觉得这是一个非常新颖、难以想象的结论。但实际上，早在两千多年前的亚里士多德就已经具有了这种思想。只是到了十七世纪现代科学革命的时候，引力的概念出现了，从而把这个真相掩盖起来了。在这个真相被掩盖了200多年之后，爱因斯坦又将引力的概念去掉，重新恢复了这种思想。下面就来详细谈一下这个掩盖过程和恢复过程。

15.2.1 亚里士多德对运动的分类

2300多年前，亚里士多德专门写了一本著作来讨论一个对象，这个对象在当时被称为"自然"。这个"自然"的最初含义是指事物因为它的本性发生变化或保持不变的最初根源。比如水挥发成气体的根源就是自然，一块石头从山顶滚下来的根源也是自然。但是，木头变成桌子的根源就不是自然，一块石头从山脚被搬到山顶的根源也不是自然，因为这些现象都是需要人为的干预才能产生，而不是靠事物的本性就能自发产生的。

正是因为自然这个对象，这本著作后来被称为《论自然》，或者叫《自然哲学》。再后来，人们根据自然这个词的古希腊读音，把它音译成了physics。由此以来，这本著作在今天就有一个新的名字——《物理学》。

根据自然这个对象所起到的作用，亚里士多德将运动分为了两大类：顺其自然的运动和反自然的运动。顺其自然的运动就是仅仅依靠物体自身就能维持下去的运动；而反自然的运动则是需要外部干扰才能维持的运动。

那么，哪些运动属于顺其自然的运动呢？为了回答这个问题，亚里士多德将整个世界简化成一个秩序井然的宇宙，如图156所示。

· 空间被划分为地界和天界。月亮之下的空间属于地界；月亮之上的空间属

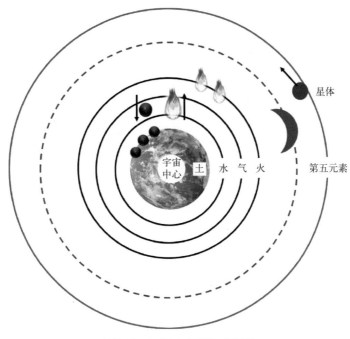

图156 亚里士多德的空间观

于天界。

　　·地界的物体由土、水、气、火这四种元素构造；天界的天体由第五种元素——以太构造。

　　·每一种元素都有其自身独有的固有位置。

　　·当一种元素离开它的固有位置之后，该元素总是具有返回到它固有位置的倾向。

　　在这样一个世界中，物体具有返回并停留在固有位置的倾向就是亚里士多德所说的"自然"。由于这个自然，苹果就会自动往下掉，回到其宇宙中心这个固有位置，所以苹果的自由下落就是顺其自然的运动。行星总是在第五元素的固有位置上运动，所以行星的运动也是顺其自然的运动。但是，让苹果沿水平方向飞出去的运动就是反自然的运动，因为这种运动正在背离它的固有位置，也就是正在违反自然。

　　每个物体都具有它的固有位置是亚里士多德空间观的核心思想。根据这个思想，亚里士多德实际上把运动分为了两大类。一类是物体返回它固有位置的运动，这种运动就是顺其自然的运动；另一类是偏离它固有位置的运动，这种运动就是反自然的运动，如图157所示。

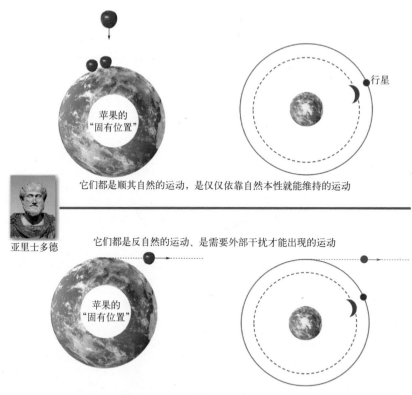

它们都是顺其自然的运动，是仅仅依靠自然本性就能维持的运动

亚里士多德

它们都是反自然的运动、是需要外部干扰才能出现的运动

图157　亚里士多德对运动的分类

　　亚里士多德将苹果具有返回它固有位置的这种倾向称为重性。那么，如果采用重性这个名词术语，苹果的自由下落和行星的运动也可以被称为重性运动。

15.2.2　笛卡尔对运动的分类

　　哥白尼的日心说摧毁了亚里士多德所建立的如图156所示的宇宙体系，从而让苹果的固有位置和行星的固有位置都不存在了。但是，固有位置这个核心思想却保留下来了，那个时代的人们仍然采用这种思想去讨论问题。比如开普勒就认为应该把空间的每一个位置都视为新的固有位置，如图158所示。

　　根据开普勒对固有位置的重新定义，顺其自然的运动就只有一种了，那就是静止不动。而其他运动方式都是反自然的运动，因为其他运动方式都在试图离开物体之前所在的固有位置。然后，仿照亚里士多德定义重性的做法，开普勒将物体停留在固有位置的倾向——也就是保持静止不动的倾向称为惯性。这就是惯性最原始的含义。所以，如果采用惯性这个新的名词术语，静止不动也可称为是一种惯性运动。

开普勒

物体待在固有位置的倾向，即物体保持静止不动的倾向叫惯性

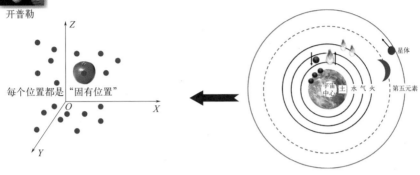

每个位置都是"固有位置"

图158　开普勒提出惯性的概念

从思想的这个发展过程可以看到，重性和惯性都起源于亚里士多德认为存在固有位置的思想。但是，接下来出场的笛卡尔却将重性和惯性变成了两个完全不相关的概念，因为笛卡尔完全抛弃了亚里士多德建立的如图156所示的宇宙体系，重新建立了一个新的世界体系。

笛卡尔的新世界由两部分构成——无尽的空间和物质的运动，即物质和空间是可以分离的❶。这个新世界就是大家今天无比熟悉且还在使用的世界模样。

和亚里士多德的宇宙体系相比，笛卡尔的新世界最大的不同之处在于：即使将所有物体都去掉之后，整个空间仍然是存在的。也就是说，什么物体都没有的纯空间是可以存在的（图159）。这样一来就可以存在这样一种运动，那就是：只有一颗苹果孤零零地在什么都没有的纯空间中运动，而这样的运动就是匀速直线运动。

笛卡尔的新空间观彻底改变了我们对物体运动的认识。比如在亚里士多德的宇宙体系中，静止是绝对的，但在笛卡尔的这个新世界中，也就是在什么物体都不存在的纯空间中，运动和静止不再是绝对的，而是相对的。

开普勒已经将物体保持静止的倾向称为惯性。由于静止和运动现在已经是相对的，那么苹果保持匀速直线运动的倾向也可以称为惯性。这种运动也是仅仅依靠苹果自身本性就能维持的运动。因为在整个空间中，除了苹果之外，已经不再存在其他物质，所以苹果只能依靠它自身本性来维持运动。

❶ 严格来讲，这样的观点到牛顿时代才成熟，空间在笛卡尔那里还只是被称为物质的广延。详细说明参见《破解引力　广义相对论的诞生之路》第3章。

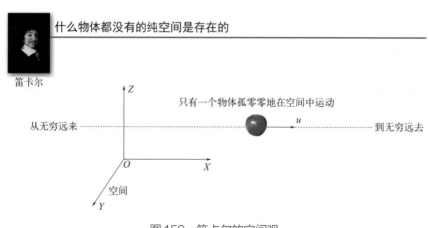

图 159　笛卡尔的空间观

这种依靠自身本性就能维持的运动，就是亚里士多德所谓的顺其自然的运动。当然，如果采用惯性这个新的名词术语，这种顺其自然的运动就有了一个新的名字：惯性运动。

15.2.3　行星运动的真相被掩盖

就这样，到了笛卡尔的时代，思想认识已经发生了180°的大转变。在转变之前，也就是在亚里士多德的宇宙体系中，物体的自然本性是指物体具有返回其固有位置的倾向，而这些固有位置恰恰是由地球决定的，所以苹果的自然本性也是由地球决定的。也就是说，地球是苹果自身本性的组成部分，而不是外部干扰因素。

但是，在思想转变之后，也就是在笛卡尔的新世界中，笛卡尔允许存在什么物体都没有的纯空间。那么，在这样的纯空间中，苹果的自然本性就不再与其他任何物体相关了。当然也就与地球无关了，而仅仅与苹果自身相关。这样一来，地球就从苹果的自然本性中脱离出来，成了一个外部干扰因素（图160）。

地球既然已经被视为外部干扰因素，那么苹果绕地球的圆周运动，当然就不再是仅仅依靠苹果自身本性来完成的，而是在地球这个外部干扰之下完成的。所以，在思想180°转变之后，苹果绕地球的圆周运动变成了一种反自然的运动。

这就是物理思想史上的一次180°大转变。在转变之前，自由下落和行星运动才是顺其自然的运动，才是仅仅依靠物体自身本性就能维持的运动。可是在思想转变之后，匀速直线运动才是顺其自然的运动，才是仅仅依靠物体自身本性就能维持的运动。

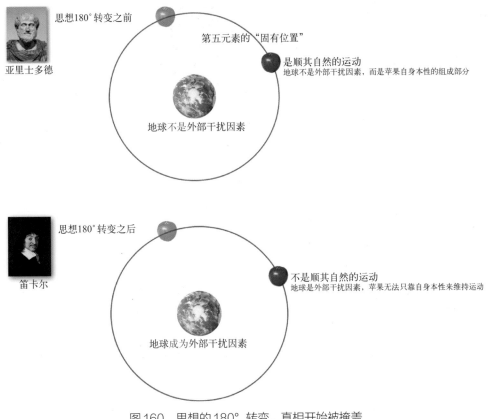

图160　思想的180°转变，真相开始被掩盖

　　亚里士多德将这种自然本性称为重性，而笛卡尔将这种本性称为惯性。因此，重性和惯性原本所指的是同一个意思，都是指仅仅靠物体自身就能维持运动的自然本性。但是，这次思想大转变将重性和惯性分裂成了两个截然不同的意思。在分裂之后，自由下落和行星运动不再是仅仅依靠物体自身本性就能维持的运动，而是变成了反自然的运动，变成了需要外力的作用才能维持的运动。再到后来，牛顿提出这个外力是一种引力。这种引力在今天有了一个大家无比熟悉的名字——万有引力（图161）。

　　所以，正是思想的这次180°大转变掩盖了自由下落和行星运动背后的真相。随着万有引力前所未有的巨大成功，这个真相被掩盖得更加深了，重性和惯性之间的分裂也变得更加巨大了（图162）。到了十九世纪，从重力基础上又发展出引力质量的概念，比如用一个弹簧秤吊着一个物体，称出的重力除以重力加速度得到的质量就称为引力质量。从惯性基础上发展出惯性质量的概念，比如用一个弹簧秤拉着一个物体在光滑水平面上加速运动，称出的拉力除以物体加速度

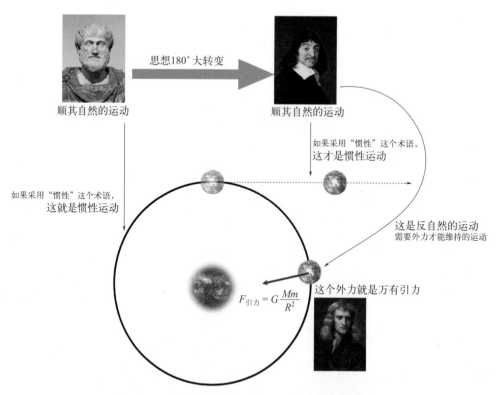

思想180°大转变

顺其自然的运动

顺其自然的运动

如果采用"惯性"这个术语，这才是惯性运动

如果采用"惯性"这个术语，这就是惯性运动

这是反自然的运动
需要外力才能维持的运动

$$F_{引力} = G\frac{Mm}{R^2}$$

这个外力就是万有引力

图161　引力概念的出现掩盖了行星运动背后的真相

得到的质量就称为惯性质量。到了二十世纪初，引力质量和惯性质量已经成为两个完全不同的概念，但它们的大小却又是正好完全相等的。人们对此大惑不解。但是，从以上历史发展过程可以非常清晰地看到，引力质量和惯性质量本来就是同一个对象，只是笛卡尔和牛顿的这个180°大转变让它们分裂成两个看上去完全不同的对象。

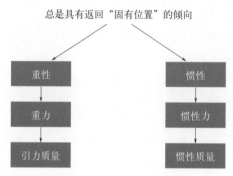

总是具有返回"固有位置"的倾向

重性

惯性

重力

惯性力

引力质量

惯性质量

图162　自然本性被分裂成两种，导致质量概念随之分裂成两种

15.2.4 真相被爱因斯坦揭露

不管我们提出什么样的概念、什么样的定律或是什么样的原理，我们的目标只有一个，那就是要去解释自然现象，也就是去解释为什么所有物体都以相同的方式自由下落，为什么太阳系的所有行星都以相同方式绕着太阳旋转。从古至今，已经有无数人思考过这个问题了。我们的思想认识也在不断发生转变，到了二十世纪，我们的思想认识终于又迎来了一次180°的重大转变。这个转变过程如下。

在笛卡尔和牛顿之后，由于地球和其他天体的引力被视为外部干扰因素，所以，如果再想找一个没有任何外部干扰因素的空间环境，就需要把地球和其他天体都去掉。为了达到这个目的，笛卡尔构造了一个想象的世界。在这个想象世界中，所有天体和物质都可以消失，只剩下一个孤零零的苹果在纯空间中运动。只有在这样一个空虚的世界中，这个孤零零的苹果才不会受到任何外部干扰，这颗苹果的运动才是仅仅只靠它自然本性来维持的运动。这种运动就是匀速直线运动，就是笛卡尔所谓的惯性运动。

但是，笛卡尔这个想象的世界只有在我们的理性思考中才存在，而在真实的世界中，一定存在着地球和其他天体。也就是说，在我们这个真实的世界中，不存在没有任何引力干扰的空间环境。所以，像匀速直线运动这样的惯性运动在我们的真实世界中是不存在的。那么，在我们这个真实的世界中，还存在着惯性运动吗？这个问题相当于在问：在我们这个真实的世界中，还存不存在没有任何引力干扰的空间环境呢？似乎已经很难找到了。

但是，只要将思想再180°转变回去，重新回到亚里士多德的思想上来，这个问题就豁然开朗了。也就是说，不要将地球和其他天体所产生的影响视为外部干扰因素，而是视为苹果自身本性的一部分，那么，我们这个真实的世界本身就是一个没有任何外部干扰的空间环境（这里不考虑空气阻力等因素）。

在这个没有任何外部干扰的空间环境中，自由下落和行星的运动当然就是只靠其自然本性来维持的运动。这种只靠物体自然本性就能维持的运动当然就是惯性运动，只不过是我们这个真实世界空间环境中的惯性运动（图163）。

总之，整个事情的真相就是，匀速直线运动是只有在把所有天体和物质都去掉之后的想象世界中才会存在的惯性运动，并不是我们这个真实世界中的惯性运动。而自由下落和行星运动才是我们这个真实世界中的惯性运动。也就是说，一个物体的重性只不过是地球存在情况下的惯性而已。这个真相就是等效原理背后的本质思想。

笛卡尔想象的世界中的惯性运动

但只存在于理性思考中

笛卡尔

仅仅依靠自然本性就能维持运动

从无穷远来 .... 到无穷远去

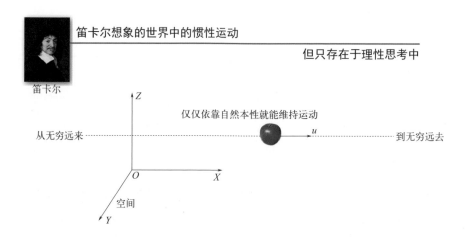

我们这个真实世界中的惯性运动

爱因斯坦

仅仅依靠自然本性就能维持运动

图163　真相被重新揭露

15.2.5　爱因斯坦对运动的分类

导致物体自由下落和行星运动的这种自然本性到底是什么呢？爱因斯坦有了更深刻的认识。亚里士多德认为这种自然本性就是物体具有返回并停留在其固有位置的倾向。而爱因斯坦则认为这种自然本性就是**物体具有返回并停留在测地线上的倾向**。

测地线就是四维弯曲时空中的直线。爱因斯坦采用测地线取代了亚里士多德的"固有位置"。但是，亚里士多德的核心思想并没有改变，物体的运动仍然被划分为两大类：第一类是沿着测地线的运动，第二类是偏离测地线的运动。第一类运动是仅仅靠其自然本性就能维持的运动，也就是顺其自然的运动。而第二类运动则是需要外力的干扰才能维持的运动。

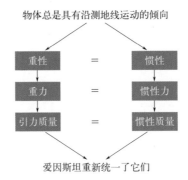

图164　重性和惯性是同一种性质，这就是引力质量和惯性质量正好相等的原因

　　所以，苹果的自由下落和行星的运动就是沿着测地线的运动，而所谓的重性或惯性只不过是物体自身总是倾向于沿着测地线运动的表现而已，它们本质上是同一种性质（图164）。这样一来，从重性和惯性延伸出来的引力质量和惯性质量的含义也被重新统一了，**它们本质上也是同一种质量**，它们的大小当然是正好相等的。

第 16 章

苹果为什么会掉下来

——更直观的解释

由于时空的这种折叠，即使苹果静止时，它也不得不继续消耗着折叠时空中的空间流逝，这就是重力场中时间会变慢的原因。

在第6章和第10章谈到过，苹果的掉落是由时间的弯曲导致的。这个结论就包含于那句著名的话："物质告诉时空如何弯曲，时空弯曲告诉物体如何运动。"对于地球上的苹果而言，这句话具体为"地球告诉时空如何弯曲，然后时空的弯曲告诉苹果如何运动。"但这种解释方式太过于几何化了，更物理的解释方式应该是：重力来源于时间流逝快慢的不均匀性。也就是越靠近地球，时间流逝越慢，而重力正是时间流逝随着高度下降而变慢后的一种表现方式。下面就来详细解释这个结论。

16.1

时间流逝变慢的根源

不管在什么情况下，时间流逝变慢的根源都来自时钟的运动，地球周围时间流逝的变慢也是如此。第13.7节解释过一块运动钟的时间会变慢的原因，为了能进一步解释地球周围时间变慢的原因，这里换一个空间方向对此原因再解释一下。

先考虑地球不存在的时候，在李四看来，张三以及他携带的钟和苹果都在不断加速运动，如图165所示❶。利用13.8节解释过的结论，在图165所示的李四的时空图（由黑色坐标轴表示）中，张三的时间和空间由红色坐标轴表示。

在李四看来，张三在不断加速运动。所以，张三在此运动过程中除了消耗一段时间流逝（由绿色线段表示）之外，还消耗了一段空间流逝，即张三在李四的空间中划过了一段距离（由蓝色线段表示）。

不过，这段时间流逝和这段空间流逝都是李四所认为的，即都是属于李四的时间和空间。它们像两种"原材料"一样能够重新组装出一段不同的时间间隔（由红色线段表示）。而重新组装出的这段时间间隔（即红色线段）才是张三亲自体验到的时间。

正是这个重新组装的过程，让张三体验到的这段时间相对于李四而言变得更短了，即表现为张三的时间相对于李四而言流逝得更慢了。

---

❶ 为了便于理解，这里将加速过程画为匀速运动过程，但最后得到的结论是一样的。如果要严格采用加速运动过程，相关详细推导参见《破解引力：广义相对论的诞生之路》第14章。

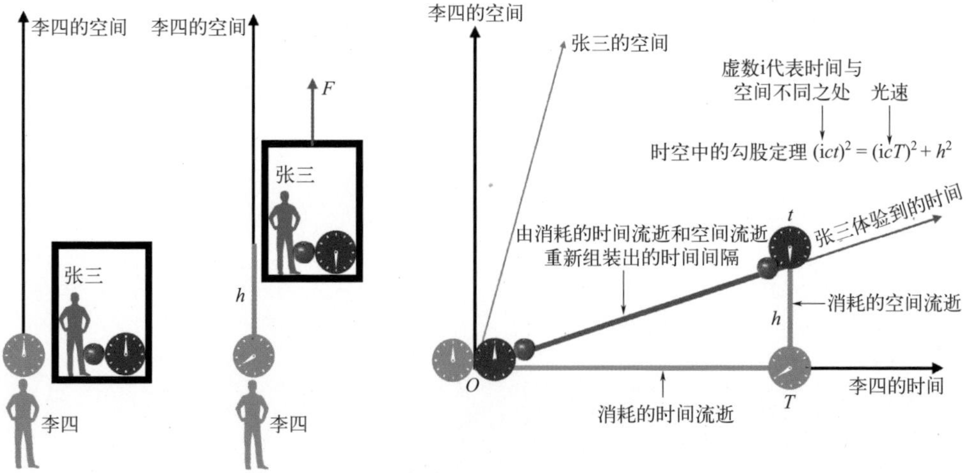

图165　时间流逝变慢的产生机制

如果不太理解这种重新组装过程为什么会存在，那么只要想到另外一个类似的过程就明白了。那就是一个运动物体的总能量等于其静质量加上它的动能。这是因为一个运动物体的总能量和动能通过类似的重新组装，就会得到该物体的静质量。

实际上，这个解释过程反过来也是成立的。具体来说，如果一块钟的时间流逝变慢了，那么为了产生这个现象，时空的本性所采用的办法就是：让这块钟在消耗一段时间流逝的同时，也消耗一段空间流逝，即让钟在空间中划过一段距离。而钟在空间中划过一段距离，当然就意味着这块钟正在运动。所以，如果一块钟的时间流逝变慢了，那就意味着这块钟必定存在着运动。即使重力场中静止钟的变慢，也是由于这个原因，下面对此进行详细说明。

16.2

时空弯曲的途径——“折叠时空”

不过，根据等效原理，张三无法区别自己到底处于图166中加速运动的箱子里，还是站在苹果树下，因为在这两个情况下，张三对外界的感受完全一样。同样根据等效原理，图166左半部分在无引力场中加速运动的苹果与右半部分苹果树下静止的苹果也是无法区别的。

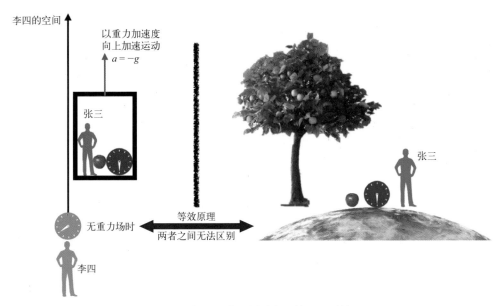

图166　张三无法区别到底是处于哪种情况

　　既然它们是完全无法区别的，由于图166左半部分加速运动的苹果在消耗时间流逝的同时还在消耗空间流逝，那么图166右半部分地面上的苹果也应该在消耗时间流逝的同时**还在消耗空间流逝**。但是，地面上的苹果明明是静止的，它又如何在消耗时间流逝的同时还能消耗空间流逝呢？这个问题的答案就是所有广义相对论效应之所以会产生的关键所在。

　　对于这个关键问题，时空的本性所采用的解决方式就是让时空产生弯曲，具体解释说明如下。

　　首先，前面刚刚谈到过，在李四看来，无重力场中加速运动的张三的时空图如图167左半部分所示。可是，在使用等效原理之后，张三在地球表面是静止的，那么张三的时空图会改变为图167右半部分所示，即时间轴和空间轴各自旋转了一定角度。

　　时间轴和空间轴会发生这样的旋转并不是一件很神秘的事情，它们的出现只不过是将观测者从李四切换到张三所产生的一种效果，13.8节已经对此做过解释说明。当然，这样的效果也完全是由时空这个对象的本性产生的。

　　所以，我们可以看到一个非常清晰的结论：在图167右半部分，重力场的出现会伴随时间轴和空间轴旋转的出现。

　　更进一步，我们还可以发现，时间轴和空间轴旋转角度的大小与图167左半部分张三运动速度的大小成正比。而图167左半部分张三处于李四空间中

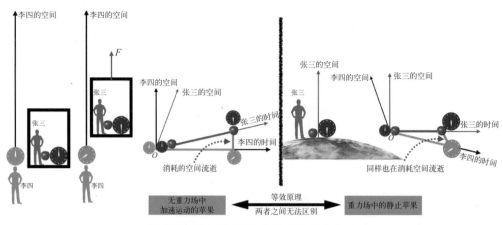

图 167　重力场等效于时空坐标轴的旋转

越高的位置，他的运动速度就越大。所以，根据图155的方式使用等效原理之后，图167右半部分时间轴和空间轴旋转角度的大小与苹果所在位置的高度是相关的。

　　这样一来，在存在重力场的情况下，不同高度位置处的时间轴和空间轴就不再指向同一个方向，而是存在一定的旋转角度。比如在A处的观测者看来，B处的时间轴和空间轴旋转了一定的角度，即B处的时间轴从黑色轴旋转为红色轴，如图168（b）所示。

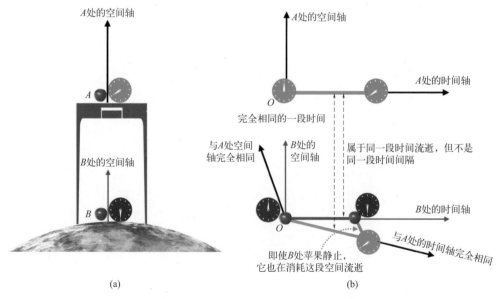

图 168　不同高度处的时空坐标轴之间存在偏转角度

所以，A处区域的时空与B处区域的时空不再是完全相同的时空，那么当把这两块时空拼接起来的时候，整个时空就会表现出弯曲。这就是所有广义相对论效应之所以存在的根源。

至于A、B两处区域的时空如何能够拼接在一起，详细的计算过程可以参

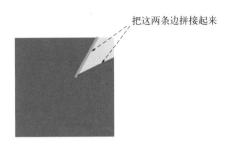

把这两条边拼接起来

图169　把一个角折叠起来或剪掉，再将两条边拼接起来之后，这张纸就弯曲了

看《破解引力：广义相对论的诞生之路》第24章。这里采用一种类比来理解这个拼接过程。比如将一块平整的正方形纸的一个角折叠起来或剪掉，再将多出来的两条边界拼接起来，那么整张纸就弯曲了，如图169所示。

另外，通过光锥的形状，也可以大致看出时空如何通过弯曲变形来完成这个拼接，如图170所示。拼接过程就是先把橙色区域所代表的时空区域折叠起来或剪掉，然后将多出来的两条边界拼接起来。

这样一来，通过这种拼接（即时空弯曲），B处这些折叠起来的橙色区域对A处观测者而言是不可见的，就好像被掩藏起来了一样，因此下文把它们称为"**折叠时空**"。

不过需要注意的是，这个折叠时空区域的大小是相对的。具体来说，B处到

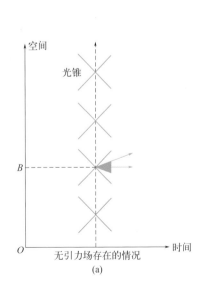

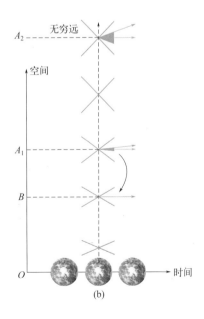

图170

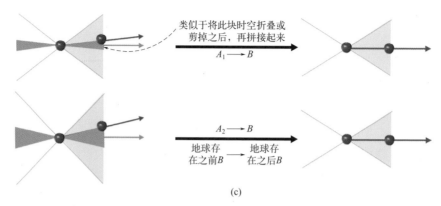

图170　不同区域时空的拼接会导致光锥变形

底需要折叠多大的时空区域，这取决于观测者所在的高度位置，如图170（b）所示。比如说，对于无穷远A_2处的观测者而言B处需要折叠起来的时空区域，就比对于A_1处观测者而言B处需要折叠起来的时空区域要大，而且已经达到所需的最大程度，如图170（c）所示。另外，无穷远处已经没有引力场，所以无穷远A_2处等同于地球不存在情况下B处，那么，地球存在之前的B处时空区域按所需最大程度折叠之后就得到地球存在之后B处时空区域，如图170（c）的下半部分所示。

当然，这些折叠起来的时空区域的绝对量都是极其微小的，因为在地球周围，时空的弯曲程度极其微小，第2、4章已经详细谈到过这一点。

这种折叠过程还可以解释一个看似奇怪的结论：在星球质量越大或越靠近星球的情况下，这种折叠就越明显；特别是在黑洞内部，折叠起来的空间流逝量已经超过时间流逝量了，这就会导致黑洞内部的时间和空间互换，如图171所示。

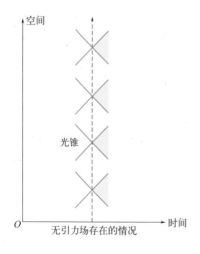

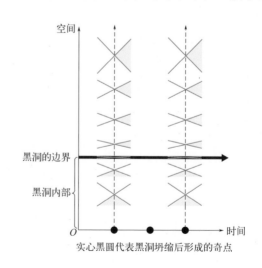

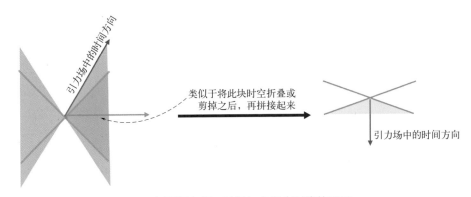

图171　在黑洞内部，时间与空间会对换的原因

时间流逝在地球附近变慢的原因

正是由于时空的这种弯曲变形，在图172中 A 处观测者看来，B 处的苹果即使静止不动，它也在消耗着空间流逝（即消耗图172中蓝色线段）。只不过消耗的这个空间流逝是在折叠时空中进行的，无法被我们看到，也就是说，B 处的苹

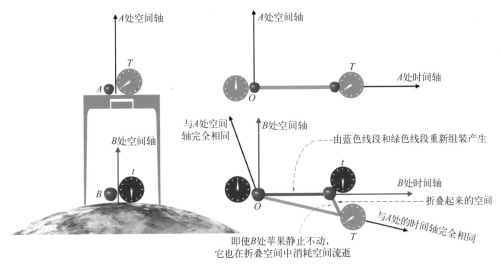

图172　地球让周围时间流逝变慢的产生机制

果看上去是静止的，但它实际在折叠时空中不停地运动着。而且这是一个无法阻止的过程，就好像我们无法阻止时间向未来流逝一样。

在折叠时空中消耗掉的这些空间流逝（即图172中蓝色线段），加上时间流逝（即图172中绿色线段）也会重新组装出一段不同的时间间隔（即图172中红色线段），从而让B处时间流逝相对于A处观测者变慢了。这就是地球附近时间流逝变慢的产生机制。

所以，正是这个折叠起来却仍然还在发挥作用的"时空废片"产生了各种广义相对论效应。也就是说，其他广义相对论效应也是通过类似机制产生的，比如空间真实长度的变长、物体静止质量的增加。

空间真实长度在地球附近变长的原因

如图173所示，将一根细棒从A处移动到B处。前面刚刚解释过，B处时空是把A处时空的一块时空区域折叠之后得到的，所以在折叠之后，代表A处细棒的蓝色线段就处于B处折叠时空区域之中了，如图173右下部分所示。

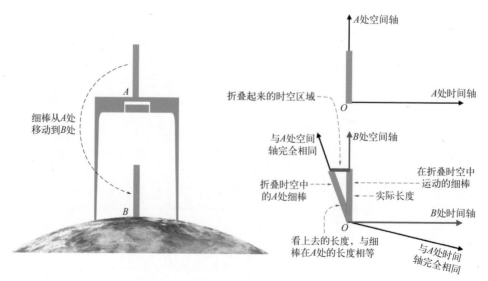

图173　地球让空间真实长度变长的产生机制

另一方面，在 B 处，黄色线段才代表这根细棒的实际长度，或者说真实长度，但它不是细棒在 B 处直观看上去的长度。而在 B 处时空折叠之后，B 处折叠时空中的蓝色线段才是该细棒在 B 处直观看上去的长度，并且和 A 处蓝色线段是完全相同的一段线段，所以它们长度相等。

看上去的长度比实际长度要短，这与图132所示情况类似。图132中张三看到的60cm就是细棒看上去的长度，而细棒实际长度是70cm。不同之处是，对于 B 处观测者而言，细棒（图173中黄色线段）的运动掩藏在折叠时空中，因而细棒的运动没有表现出来，所以细棒看上去是静止的，而图132中张三能看到细棒的运动过程。当然，"看上去的长度比实际长度要短"其背后的原因是一样的，是因为蓝色线段是由黄色线段和红色线段重新组装得到的。所以，在重新组装之后，黄色线段比蓝色线段要长。也就是说，同一根细棒从 A 处拿到 B 处之后，该细棒的真实长度变长了，尽管它们看上去的长度是相等的。

16.5

物体质量在地球附近会增加的原因

在第1章1.4中谈到过质量的相对性，当一颗苹果靠近地球之后，该苹果的静质量会增加。比如将 A 处的苹果拿到 B 处之后，该苹果的静质量会增加。现在也可以采用类似的产生机制来解释苹果的质量为什么会增加了。具体解释如下。

由于 B 处苹果会在折叠时空中继续消耗着空间流逝，即在折叠空间中运动着（即使苹果静止时也是这样），从而让苹果获得了一个**对应动能**，如图174所示。不过，这个对应动能是在折叠时空中运动所形成的动能，所以它无法被我们看到，也被折叠起来了，但它仍然发挥着能量的作用。这样一来，即使苹果在 B 处静止，它的总能量中也包含着在折叠时空中运动所形成的这些对应动能，从而导致 B 处苹果的总能量增加了。但苹果又是在 B 处静止的，所以最终表现为苹果的静质量增加了。

类似机制还可以回答为什么时空在弯曲之后就会释放出巨大的能量，比如14.4节谈到的宇宙中物质质量的起源问题。另外，像霍金辐射这样的量子效应也与类似的机制有关。简单来说，黑洞边界虽然看上去是静止的，但它实际上也在折叠空间中加速运动着。另外一方面，根据量子力学的理论，原本是真空的空间如果加速运动起来，那么真空中就会出现辐射粒子。这是一种被称为安鲁效应的量子效应。所以，黑洞产生的霍金辐射正是这些在折叠时空中的安鲁效应所产生的量子效应。

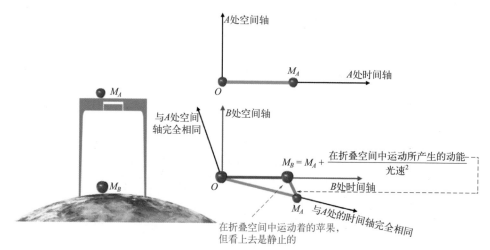

$$M_B = M_A + \frac{\text{在折叠空间中运动所产生的动能}}{\text{光速}^2}$$

图174　靠近地球之后，苹果质量增加的产生机制

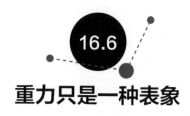

16.6

重力只是一种表象

当然，也正是时空的这个折叠会让苹果掉下来，即所谓的重力只不过是时空存在折叠的一种表现方式。背后原理的解释如下。

首先，假设地球和其他物体都不存在，只有一颗苹果孤零零地待在空间中。那么，苹果最自然的存在状态就是静止（匀速直线运动与静止类同❶），即苹果在消耗时间流逝的同时没有消耗空间流逝，如图175所示。实际上，这个结论也是来自时空的一种本性。也就是说，时空的本性让一个物体最自然的存在状态就是只消耗时间流逝，不消耗空间流逝。

但是，当地球存在之后，由于时空折叠而发生了弯曲，这导致苹果即使处于

---

❶ 匀速直线运动与静止之间的不同，在使用等效原理之后，仅仅体现为观测者换了一个高度位置来观测而已。

图175　一个物体最自然的状态

静止状态，它仍然在折叠时空中继续消耗着空间流逝。所以，在重力场中，静止的苹果并不是它最自然的存在状态。只不过这些消耗掉的空间流逝都存在于被折叠的时空中，无法被我们看到。但它们却仍然存在着，仍然在发挥作用。

　　为了抵消在折叠时空中所消耗的这些空间流逝，苹果就不得不以自由落体的方式往下掉。即在可见空间中划过一段距离，从而让划过的这段距离所消耗的空间流逝量，正好抵消在折叠空间中所消耗的空间流逝量，如图176所示。

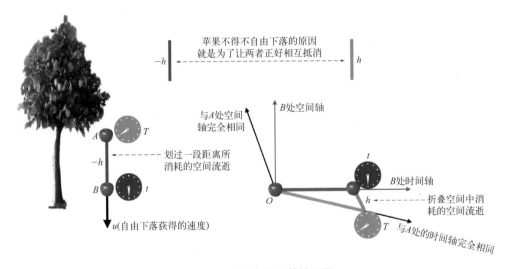

图176　苹果自由下落的原因

　　由于这两者的抵消，一颗自由下落的苹果所消耗空间流逝的总量就等于零了。所以，自由下落让苹果又回到它最自然的存在状态了。也就是出现了图153所示的等效原理的效果。

　　不过需要注意的是，这种相互抵消是相对于随苹果一起自由下落的观测者而言的。也就是说，只有随苹果自由下落的观测者才会有失重的感觉。当然，这个抵消过程也就在局部区域消除了时间流逝快慢的不均匀性。也就是说，一个自由下落的观测者不会再看到周围局部范围内时间的流逝变快或变慢。

　　总之，由于时空的这种折叠（即时空的弯曲），即使在苹果静止的时候，它也不得不继续消耗着折叠时空中的空间流逝，就像时间总是不得不一直往未来流逝一样。那么，为了弥补在折叠空间中不得不消耗的这些空间流逝，苹果就不得不掉落下来，然后通过掉落的这段距离空间去弥补在折叠空间中所消耗掉的空间流逝。

　　所以，时空的这种折叠（即时空的弯曲）会同时表现出两种效应：一种效应是让苹果树周围时间流逝的快慢变得不均匀了；另外一种效应是让苹果自由下落。也就是说，它们都是时空弯曲所表现出来的效应。当然，如果不采用时空弯曲这样的几何概念，而是将第一种效应做为第二效应的原因，那么我们也可以把苹果的自由下落看成来自时间流逝快慢的不均匀性，即图96谈到过的结论。

　　这就是时间流逝快慢的不均匀性导致苹果下落的物理解释，所以重力现象只不过是时空本性的一种表象而已。这也是所有物体都会表现出受到重力作用的原因，而不像其他类型的力只会对一部分物体产生作用，比如只有带电物体才会受到电磁力的作用。

　　采用简单的数学计算就可以得出：重力大小与时间流逝快慢的不均匀度之间的具体数量关系，如图177所示。这就是10.3节谈到过的结论。更严格的计算过程参见《破解引力：广义相对论的诞生之路》第14章。

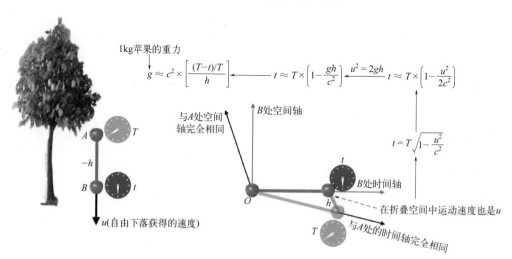

图177　计算时间本性表现出的重力大小

　　当然，时空的这种折叠（即时空的弯曲）还会表现出其他效应，比如时空的这种折叠可以把热力学效应也折叠起来，从而让这些折叠起来的热力学效应表现为重力场产生的热力学效应。具体来说，很多在加速运动中出现的热力学效应，由于时空的这种折叠，在引力场中静止的地方也会出现了，像黑洞的霍金辐射就是这样。所以，如果绕开时空弯曲这样的几何概念，我们也可以把苹果的自由下落看成来自某种热力学效应。在过去二三十年，就有很多研究工作将引力与热力学第二定律对应起来了。这反过来也为我们研究引力提供了一条思路，或许能启发我们找到梦寐以求的终极答案，即地球为什么能让时空弯曲。

　　再比如，爱因斯坦在1907年发表的重要论文《关于相对性原理和由此得出的结论》中推导出这样的结论：一个运动物体的温度看上去比它静止时的温度要低。如果这个结论成立，由于物体在折叠时空中也是运动着的，那么同一个物体在重力场中的温度比它没在重力场时的温度要低。也就是说，地球还会让周围的温度分布变得不均匀，越靠近地球，温度越低，如图178所示。同样，如果绕开时空弯曲这样的几何概念，我们也可以把苹果的自由下落看成来自温度分布的不均匀性。

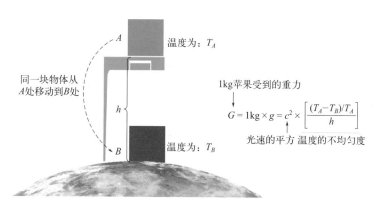

图178　重力与温度不均匀性之间的对应关系

附录

推导同一个时刻的相对性

如图179所示，假设左右两边的接收器与光源之间的距离相等，当钟指针指向12:00时，光源分别向左右两边发出两束光。因为这两束光需要花费相同的时间才能分别到达左右两边的接收器，所以左右两端接收器分别接收到光的时刻就是同一个时刻，比如假设都是在钟指针指向12:30时接收到了光。这就是站在旁边的张三所认为的同一个时刻。这个结论太简单明显了，大家在日常生活中经常会使用这样的结论。

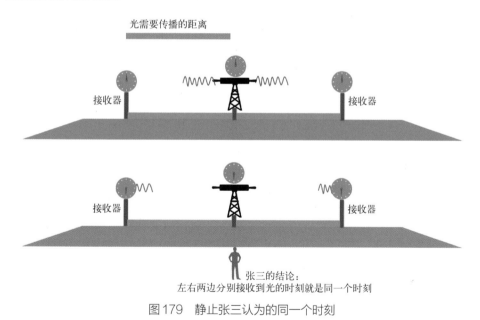

图179　静止张三认为的同一个时刻

但在高铁上的李四看来，这个结论却不再是正确的，因为李四会看到光在左右两边传播的距离不再相等了。如图180所示，在李四看来，向左传播的光只需要传播图180中红色线段的距离就能抵达接收器，但光速和张三看到的光速是一样的，那么这束光只需要更短的时间就能抵达接收器，也就是说李四会看到这束光在12:30之前就抵达了接收器。与之相反的是，向右传播的光需要传播图180

中紫色线段的距离才能抵达接收器，但光速同样是不变的，那么这束光就需要更长的时间才能抵达接收器，也就是说李四会看到这束光在12:30之后才抵达了接收器。所以，在李四看来，左右两端接收器分别接收到光的时刻不再是同一个时刻了。

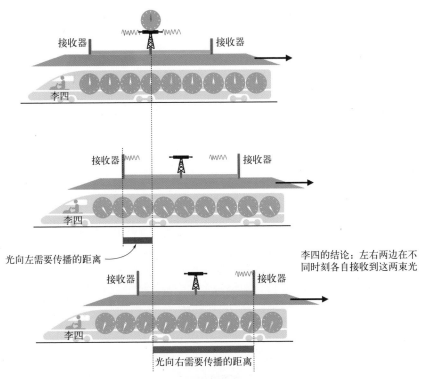

接收器　　　　　　　　接收器

李四

接收器　　　　　　　接收器

李四

光向左需要传播的距离

李四的结论：左右两边在不同时刻各自接收到这两束光

接收器　　　　　　　接收器

李四

光向右需要传播的距离

图180　李四认为是两个不同的时刻

附录2

推导质能方程 $E = mc^2$

爱因斯坦在1905年除了发表狭义相对论之外，还提出了另外一个重要的观点，那就是光子假说。爱因斯坦认为光波也具有粒子性，这种粒子被称为光子。并且光子的能量等于光的频率乘以一个被称为普朗克的常数。

如果高铁正好垂直于一束光行驶，那么在高铁上的李四看来，这束光的能量变大了。根据时间的相对性，再利用光子假说，这束光的能量会增加，如图181所示。

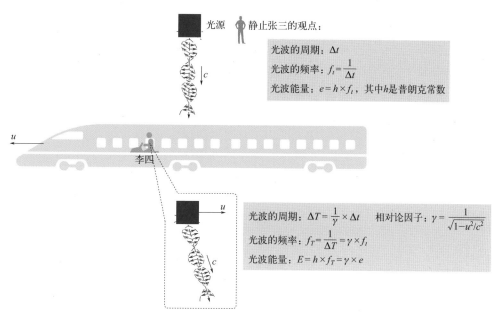

图181　运动的李四会发现光的能量增加了

所以，与张三的视角相比，运动的李四发现这颗光子在两个方面产生了改变。一个方面是这颗光子在水平方向上的速度从零增加到速度u。另外一方面是这颗光子的能量增加了，增加的具体数值如图182所示。

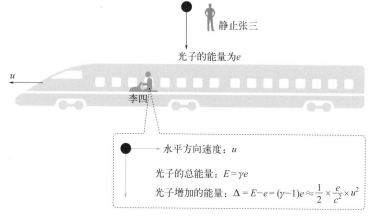

图182　对运动的李四来说，光子出现了两种改变

所以，如果假设光子增加的能量包含光子在水平方向运动所产生的能量。那么，这个假设就意味着：光子在水平方向运动所产生的能量可以看成是光子在水平方向上的动能。再根据动能的计算公式，我们就得到这颗光子的质量等于它的能量除以光速平方，如图183所示。然后，爱因斯坦将这个结论推广到一般形式能量的情况。也就是所有形式的能量都具有质量，并且其质量正好等于这些能量除以光速平方。

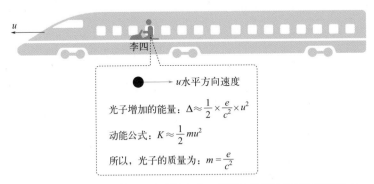

图183 光子也有质量，且质量大小正好等于其能量除以光速平方

当然，即使不采用上面这个假设，只需要将计算过程改造一下，也能得到相同的结论。具体计算过程可参考《破解引力：广义相对论的诞生之路》第12.4节。

参考文献

［1］阿尔伯特·爱因斯坦［美］.爱因斯坦全集.第二卷.范岱年，主译.长沙：湖南科技出版社，2009.

［2］阿尔伯特·爱因斯坦［美］.爱因斯坦全集.第四卷.范岱年，主译.长沙：湖南科技出版社,2009.

［3］阿尔伯特·爱因斯坦［美］.狭义与广义相对论浅说.北京：北京大学出版社，2005.

［4］阿尔伯特·爱因斯坦［美］.相对论的意义.北京：北京大学出版社，2013.

［5］亨利·庞加莱［法］.科学的价值.北京：商务印书馆，2010.

［6］基普·索恩［美］.黑洞与时间弯曲.长沙：湖南科技出版社，2007.

［7］莱昂纳特·萨斯坎德［美］.黑洞战争.长沙：湖南科技出版社，2010.

［8］李·斯莫林［美］.量子引力.成都：电子科技大学出版社，2021.

［9］亚伯拉罕·派斯［美］.爱因斯坦传.北京：商务印书馆，2004.

［10］亚里士多德.亚里士多德全集.第二卷.苗力田，主编.北京：中国人民大学出版社，1991.

［11］沈贤勇.破解引力-广义相对论诞生之路.北京：化学工业出版社，2022.

一本书读懂广义相对论

从亚里士多德、笛卡尔、牛顿、马赫、彭加莱
再到爱因斯坦

破解
引力

广义相对论的
诞生之路

沈贤勇 著

GENERAL
RELATIVITY
THEORY

1687

1915.11.25.

全新
写作方式

探索过程
完整梳理

时空弯曲
全新展示

书号: 9787122407917